高等教育艺术设计专业规划教材

Format Design

Format
Design 版式设计

——唯美页面设计新视觉

李一枚 著

中国轻工业出版社 全国百佳图书出版单位

图书在版编目（CPI）数据

版式设计：唯美页面设计新视觉 / 李一枚著 . ——

北京：中国轻工业出版社，2014.12

ISBN 978-7-5184-0179-6

Ⅰ . ①版… Ⅱ . ①李… Ⅲ . ①版式 – 设计 Ⅳ .

① TS881

中国版本图书馆 CIP 数据核字 (2014) 第 298135 号

责任编辑：王淳　　　　　责任终审：劳国强　　　　　封面设计：李一枚

版式设计：李一枚　　　　责任校对：晋洁　　　　　　责任监印：胡兵　张可

出版发行：中国轻工业出版社（北京东长安街 6 号，邮编：100740）

印　　刷：北京博海升彩色印刷有限公司

经　　销：各地新华书店

版　　次：2014 年 12 月第 1 版第 1 次印刷

开　　本：889 × 1194　1/16　　　　　印张：6

字　　数：250 千字

书　　号：ISBN 978-7-5019- 0179-6　　　　　定价：36.00　元

邮购电话：010-65241695　传真：　65128352

发行电话：010-85119835　85119793　传真：85113293

网　　址：http://www.chlip.com.cn

Email：　club@chlip.com.cn

如发现图书残缺请直接与我社邮购联系调换

120037K2X101HBW

前言

　　版式设计是现代设计艺术中的一个非常重要的部分，是视觉传达设计的重要应用手段，是平面设计教学中一门最基本的基础课程，它是我们所能接触到的诸多设计中一种基本的形式表达语言，通常，我们只把它认作是一种关于平面类设计中一门编排的学问，但实际上，它不仅是一门平面设计的技能，它更实现了技术与艺术的高度统一，使艺术通过设计技术而充分地展现出来，版式设计可以说是当代设计者所必备的基本功之一。

　　编著本书的初衷是将我多年来在版式教学方面的一些经验总结出来，与读者分享交流，并以此得到设计应用能力的共同提高与发展。书中所有的图例都是在我的课程指导下，由学生们努力精心完成的实践作业，这些作品，虽然不免稚嫩，但充满了当代年轻人的朝气、创作热情以及灵活多变的创新思维。我们竭尽所能，努力用实践使每个学生的创造潜能得以充分的挖掘与发挥。

　　在书中或许读者能发现许多其他课程的影子，比如插画、字体、装饰艺术等，除了强调这门课程的设计艺术关联性以外，恣意的页面，漫天的想象，是年轻人与初学者乐于追求的目标，"不择手段"用唯美的平面语言来诠释版式的设计，弱化内容，在保证基本的功能目的前提下，强调大的色调框架形式构成，这虽是典型的"象牙塔"风格，但却是通往实练操作成功的必由之路。希望这本书能给学习平面设计的学生们一个综合启发与引导的作用，同时也欢迎同行批评指正。

作者

于北京工商大学艺术与传媒学院

2014.11

目录

第一章 "无处不在"的版式设计

作为视觉传达的一种重要形式，版式设计已成为视觉传达设计中不可或缺的公共应用语言，可以说任何设计产品都需要以视觉的形式展现出来。而最直观的、最容易接受的视觉形式就是平面设计。从事平面设计相关专业人士都普遍认为，现代版式设计是平面设计的核心。设计师如果想更好地传达及表现自己的设计意图，首先就要把版式设计做好，以便能够方便、顺利、有效地达到终极目标。版式设计的应用范围非常广，它可以涉及报纸、刊物、书籍、画册、宣传册、产品样本、名片、挂历、招贴设计、广告设计、包装设计、企业形象设计、唱片封套和网页页面等，以及近些年新兴起来诸多新媒体设计等领域。

课堂作业练习：杂志内页之一。（作者：薛艳春）

期刊杂志编排在期刊杂志里运用非常广泛，它是杂志设计中极为重要的一项，美观的排版能够让读者耳目一新，让更多的读者赏心悦目，使读者拥有一个好的心情去阅读内容，以便能吸引更多的期刊读者。

课堂作业练习：字体与编排招贴海报。（作者：詹琼琳）

招贴海报是户外广告设计中的一项，它具有传播途径广，艺术表现力丰富，版面大，张贴时间长等特点。设计时要求通过图形、色彩、文字等突出主题，以达到设计的目的。

课堂作业练习：

个人名片设计（作者：马梦妍）

优秀的名片设计可以给人留下深刻的印象，以此达到名片交流交往的目的，作为平面视觉语言的名片，自然少不了编排设计的运用。

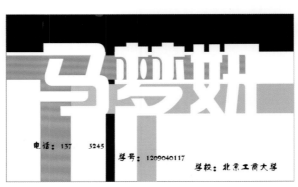

课堂练习：时尚摄影杂志内页（作者：蔺雪）

在杂志内页的版面设计，图片文字都比较多，如何将图片文字用一种合理而又悦目的方式安排好，是非常考验学生们的技术和能力的，这就像舞台的一个演出画面，既要有编导的编排，还要有美工精心布置的的背景衬托。

第一节 版式设计概念

所谓版式设计，就是在版面有限的范围内，根据特定的内容主题需要，运用造型要素及形式原理，将文字、图片、色块、线条等对版面进行成功的组合。这其中既要考虑版面的"点，线，面"分割，也需运用"黑，白，灰"的视觉关系，以及色调色彩的对比调和，"明度、色相、纯度"的准确应用以及文字的大小、虚实、排列的调整等，按设计的既定目的编排出合理的符合美学规律的视觉通道版面，以传达页面内容的准确信息。

课堂练习：时尚摄影杂志内页点、线、面，黑、白、灰，明度纯度的变化，永远是视觉艺术设计所要重视的关键点之一。

编排中设计的整体与变化可能是学生们最不容易掌握的难点之一。（作者：蔺雪）

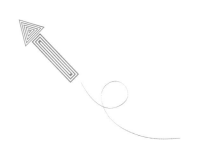

第二节　视觉信息和版式设计息息相关

作为无处不在的视觉信息，版式设计已然成为视觉传达设计的公共语言。版式是设计的基本组织，它将文字、图像、色彩、线条等根据特定的内容需要在一定的平面空间加以有效的组合，以传达既定的目的与准确的信息。同时它又不仅仅是一种单纯的编排技巧，而是通过设计规律，将表达内容进行视觉化、形象化、秩序化，从而产生一件符合视觉生理规律的基本感受和影响的设计作品，并将它传递给观众。设计的作用是巨大的，如果平面设计的基本版式是呆板的、乏味的和缺乏美感吸引力的，那么视觉传达所表达的东西不仅不会受到大众的吸引，甚至产生视觉干扰和视觉污染的作用。

版式传达信息的广泛性和艺术表现力的多样性，为人们构建新的思想和文化观念提供了广阔的空间，成为了解时代和沟通信息的重要界面。因此，平面设计师需要具备准确地传达视觉信息的能力，研究版式设计的技能，增强内心艺术素养与内涵，才能更有效地服务于视觉传达设计，以起到事半功倍的目的。

版式设计不仅仅是平面设计从业者的必备技能，同时它也是许多设计学科的基础，比如动态媒体的设计，动态媒体首先是由若干个静态平面设计页面组成的，当然版式自然是不可忽略的重要部分，只不过它的视觉通道可以通过"出场"时间顺序的前后来表达罢了，由此可见视觉传达平面设计的重要性，可以说版式在设计中起到一个基础技能的支撑作用，既然它的设计应用面范围如此广泛，那么作为传统媒体的版式设计者必须具备开阔眼界，触类旁通，关注社会与科技、流行与信息的发展，与时同进，把握流行节奏和时尚脉搏，清晰需求，融合相关艺术，使传统的版式能够以创新的姿态来顺应时代的发展潮流。

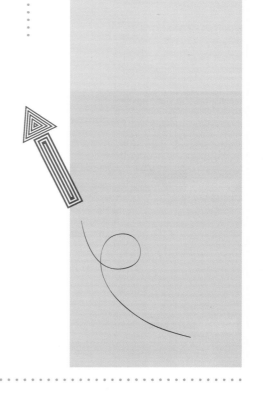

第三节 视觉传达中的版式设计

版式设计涉及的内容非常广泛，除了前面提及的传统形式的基本应用外，还有动态广告等数字媒体中的版式，它在这些新媒体中的设计与应用也极为重要。右边这两幅学生的毕业设计作品，就是很好的例子，这是所做的网站设计的截图，它不但是数字媒体设计中的一部分，同时也是比较成熟的平面版面编排设计。

"时尚女子沙龙"网站设计截图

动态设计首先是由若干个静态平面图组成的。（作者：刘珊珊）

时尚网站设计截图 （作者：黄佩轼）

点击网站所打开的页面是一幅典型的优秀平面设计作品，传统的版式框架结合自由式版式设计技巧，生动整体。

课堂练习：书籍封面设计 （作者：刘珊珊）

这幅并不十分成熟未完全完成的课堂命题作业，力求从色彩和版式上去寻找主题意境。"蓝色心情"的主题表达，人物位置的摆放很重要。

第二章 版式设计"交响乐"

节奏与韵律来自于音乐概念，音乐与设计艺术之间有着异曲同工的微妙联系，这源于美的事物都有着一定的共同性特征，它们都在塑造着美的韵律，正如歌德所言："美丽属于韵律。"韵律是依照一定规律的节奏而形成的，它是按照一定的条理、秩序、重复连续地排列，形成一种律动形式。在节奏中注入美的因素和个性化的情感，就有了韵律。设计中的韵律就好比是音乐中的旋律，不但有规律有节奏更有情调，它能增强版面的感染力，开阔艺术的表现力，就像一首美妙和谐的交响乐一样，可以通过设计的渐变、大小、长短、明暗、形状、高低、强弱等手法来达到如同音乐般的婉转起伏，将设计的感性与理性，功能与意境用"规则"、"旋律"来表达抒发。

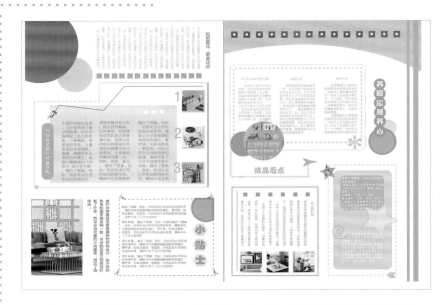

杂志内页的版式设计是杂志的"重头戏"，许多杂志版面要求放入不同主题的多篇文章，再加上相应的图片，内容十分丰富，这就要求设计者有着良好的素质技能，如同完成一首大型的交响乐章一样，不但要主题鲜明，而且还要合理有序、完整统一。（作者：李雨晴）

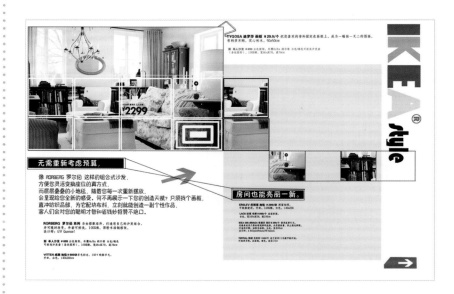

这是一张关于宜家家具宣传册的设计。家具杂志由于其图片内物品的整体性，所以编排起来画面形式感觉比较容易统一，但也容易落入设计俗套，如何利用虚实线条，是设计者需要考虑的问题。（作者：李琳）

蓝色调清新安静，外框传统求稳，内部编排的设计赋予节奏上的变化，如同一曲婉转优美的旋律。（作者：舒雯）

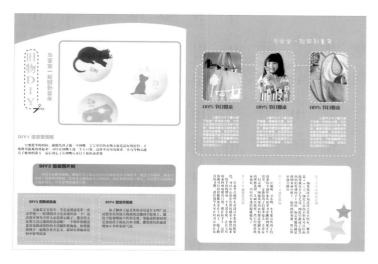

橙黄色调热情奔放，编排上规矩求稳最能使画面显得完整而不乱。（作者：李雨晴）

设计作品中的旋律与情绪的表达是结合设计画面而言的，它是将视觉画面与听觉的音乐节奏联系在一起，以此来传递创作者的思想情感，设计作品中每一块色彩，每一条线条，每一个跳动的点，每一张图片都是具有生动感情的元素，它们是能引起观看者的情绪变化的情感传播的载体。诸如红色表达热烈浓重的气氛；黄色单纯干净而跳跃；蓝色宁静悠远也可伴有些许淡淡的忧郁哀思；黑色冷静，时而庄重沉稳时而时尚前卫。不同的设计安排营造不同的效果，同样的画面配合不同的音乐表达抒发不同的情感，音乐跟随画面产生节奏上的变化，能够表达紧张、激昂、不安异或安定、平和、舒缓的情绪，引起人们心灵上的共鸣，设计的不同表达对人的视觉产生不一样的情感撞击。版式平面设计所表达的音乐节奏上的律动、情绪、意境，需要设计者用心去体会，去感受。

白纸黑字再配以红绿点缀，明度纯度的拉开使得画面显得干净整洁。画面的排列虽然打破了些固有规则，但清新的主旋律让人感到完整统一（作者：李琳）

点是视觉语言中最基本的视觉符号，是一切形态的基础，所有复杂多变的图形都是从一个点开始的，就像组成音乐里的每一个"音符"，由点形成线的旋律、面的风格，最后融合成一篇优美的交响乐章。点的性质极为活跃，用法上也需灵活多变，在自然界与日常生活中我们能处处感受到它的存在：比如在一望无际的海洋中孤零漂泊的一叶小舟；空阔的操场上晨练的一位学生；晴朗的天空中一只缤纷鲜艳随风飘动的风筝；漆黑的夜空中突然闪亮的那朵烟花；宣纸上黑白枝叶间傲然开放的一朵红色梅花；平面广告里的一个醒目的指示箭头等。尽管相对而言它们作为实际物体占据了一定的空间，但在整个视觉效应和整体感受上，它们都还是设计整体中的一个"点"而已。

正因为点的灵动性，所以"点"总是能引起人们的注意力，如人们所说的"视点""焦点"等。"点"也可以是在连续情况下的一个突然改变，或者是一个视觉意义上的起点、终点或转折点。"点"被"抽象"到白纸上后，给人的视觉感受是灵活、集中、定位、静止，并能产生跃动、游移等效果。不同形状的点给人感觉也有所不同，如圆点显得饱满、充实、完整，深厚；方点显得坚实、冷静、规矩、稳定；三角点给人紧张、警觉的感觉。点的面积虽小但能给人强

对于篇幅较小的宣传册，它的目录创意用一种个性化的形式来表达也不失是一种吸引眼球而又明智有效的选择。（作者：李琳）

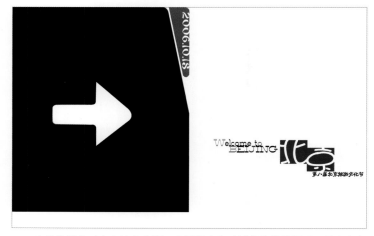

左边的箭头对应右边的主题，大面积底色映衬的点格外显眼，黑色右上角的三角点，构思巧妙。（作者：佚名）

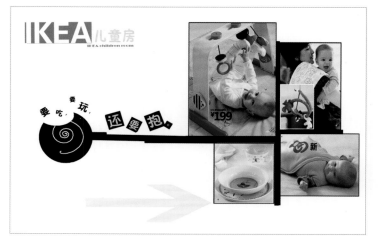

黑白分明的点，成了左页版式的设计中心，右图图片中黑线条的利用，既能将图片有效区分，又能和点相互呼应，形成视觉平衡。（作者：李雨晴）

大黑点在画面上显得凝重前凸，左边的字体倾斜设计增加动感，很好地完成了平衡。（作者：李莉）

烈的印象，甚至能与大面积的画面相抗衡，产生活跃画面的"点睛"之力，并形成画面的中心视点，因此在设计作品中，点的运用始终是设计师强调的手法，在版式设计中，点的重视程度亦是如此，在版面中，点可以以主角掌控画面，也可以以配角给版面以装饰与点缀，起到活跃画面的作用。

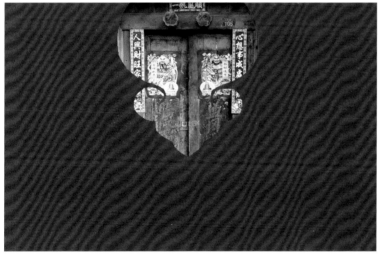

老北京主题的杂志内页设计，作者用点图结合的形式来表达设计理念，效果大气醒目。（作者：梁媛）

左边大面积的点实际已形成了面，起到画面基调的作用，右边的小点，不仅仅是吻合，更重要的是平衡，遥相呼应，使画面浑然一体，如同国画中的"飞白"，似断非断，形断神连。（作者：佚名）

版式设计中的点我们可以从这几方面来学习与运用：

1. 点的大小

在版式设计中，点的大小直接影响到点与面的认知界限的划分，一般来说，点越大就越容易被看成面，而越小则点的感觉就越强；在形状上，圆形的点更容易被看成点。点的大小概念是相对的，是相对于画面而言的，点太大，在视觉感受上就形成了面，点太小，则在画面上就显得无关紧要了，最多就是一个点缀的小配角，常用以丰富画面。（如图）

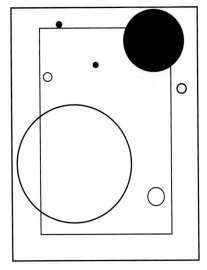

2. 点的位置

点具有视觉张力，点的位置和虚实决定了点在画面中不同的视觉张力，点的张力在一般情况下总是向心的，所以具有内倾性。在平面视觉版式设计中，把一个点放置在画面的中央，周围的空间就会变得均衡，产生一种平稳、宁静的感觉。如果把点放置在画面的边缘，便产生一种张力，表现出一种紧张运动的感觉。另外，点的排列和组织也会产生线或面的视觉移动，形成视觉流程。一般而言，距页面边距上下左右四分之一处连线的位置在视觉上更加引人注目，可以说是黄金线框，因此，在这条线框的上的点也就显得格外突出，当然，还包括重要性的中心区域。我们常常将版面中的重要设计元素放在这些位置上，比如书籍中的标题等。

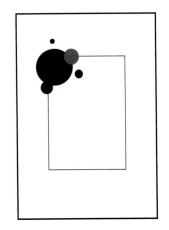 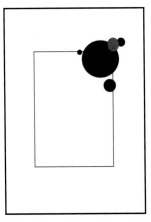  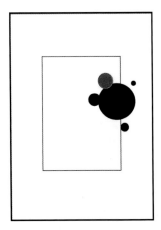

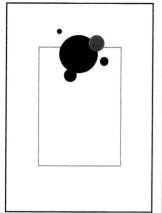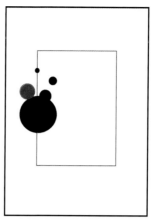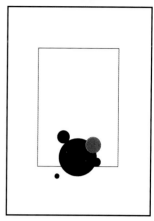

上面几幅图形基本概括了版面的重要位置，一般情况下，以人们的视觉生理特征及习惯而言，版面的上半部分显得更为重要，但这也仅仅是相对来说的，具体的要看设计者在版面上的视觉流程安排。

杂志分扉设计（作者：李琳）

点作为标题在版面中对称居中，显得严肃沉稳，背景中的点虽然动感十足，但因为做了虚化处理，所以它们扮演的是装饰陪衬的角色。

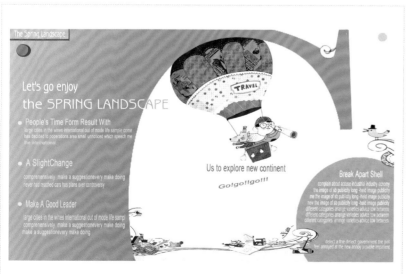

杂志内页设计（作者：梁姣）

气球图形的点无论是从版面位置还是自身的方向，都充分显示其向中心移动的视觉张力。

3. 点的方向

由于视觉中心的存在，点的中心聚拢的特征，因此版面上具有突出效果的点都具有向中心方向移动的特征，这种方向与运动的特征在实练中应用较多。

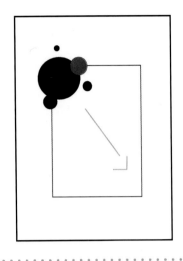 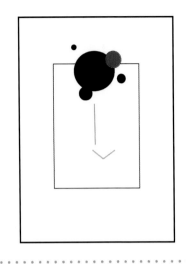 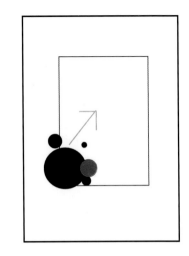

4. 点的形状

在形状上，圆形的点更容易被看成点。其次是点的形状，在视觉形式中，点的外形决定了它的形状，点不仅仅是圆的，还可以是任何形状，如规则的、不规则的、几何形的、有机形的、自然形的等。在版式设计中这些点有时与周围环境形成一种对比。

维信卡设计（作者：李雨晴）

不规则的指纹设计最能表达信用卡的唯一性，这个设计主体的点面积虽大，但还是点的效果。

宣传册分扉设计（作者：梁辰）

装饰图案化的箭头设计，无疑是一个具有突出视觉效果的点。

5. 点的色彩

点的位置颜色以及与周围环境的对比，使其具有了大小、形状、形态、浓淡，甚至方向等性质，表现出各种视觉效果。版面编排中的点的色彩影响着页面的视觉中心点，色彩跳跃对比性强的点在版面中的地位不言而喻。

黑色的点在黄白色的强烈对比与反差中显得格外醒目，相反，同样是圆点，左边的空心点在白色背景下就虚得多了，它起到的是丰富画面的作用。（作者：马慧）

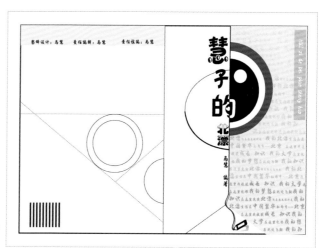

手工布艺小动物在版式上形成了连续有节奏排列的点，放大镜中的布艺动物又形成了这些点中的主角，这种层次排列引导了视觉的秩序。（作者：张彤）

版面中有三种不同类型的点的设计，一个是三张纸片，尽管色彩淡雅，对比也不强烈，但由于占据了主导位置，并且有较大的面积，所以依旧是重心所在。右上角的小红点以出血的形式完成，尽管色彩浓重，但被虚化。下方的花卉散点色彩杂而发散，自热也就成了装饰与衬托。（作者：舒雯）

第二节　"线"——优美的"主旋律"

　　线是最具表情一种形式符号，是点移动的轨迹，是划过画面的优美的主旋律。生活中常见线的例子很多，如：消失在天边的地平线、辽阔的海平面、弯曲在山间上的溪流、蜿蜒的山路、大雁结队迁移的飞行线等，这些都是生活给我们带来的"线"。从几何观点看，线是由点的连续轨迹形成，它有"方向"和"连续"的性质。"线"在平面设计中有多姿多态的特征。水平的线给人心理上带来平静、安宁、沉稳、舒展及向两侧无限延伸的力感；垂直线挺拔、刚毅、尊严、下沉或升腾；倾斜的线有运动感，如前冲、倾倒、惊险等，用不稳定的画面表达动感；三角形长方形及多边形的几何曲线可以造就紧张、刺激、坚硬略显呆板的气氛；而自由曲线活泼、随意、多变、流畅、优美、温柔。"线"还有虚实粗细的变化，设计者可以根据不同的对象用设计赋予不同的意义。

　　线是点运动而产生的，因此它活跃、富有个性、最易于变化。从数学上讲，线只存在位置、长度和方向。从平面视觉上讲，线具有类型、位置、粗细(宽度)、色彩以及浓淡等性质，能表达各种视觉表现。

以曲线图案为元素的 U 字形构图画面显得较为抒情，轻松。（作者：黄佩轼）

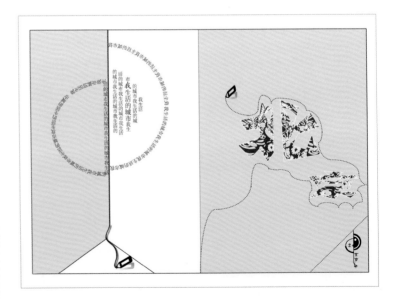

以细线为主要设计元素的版面，清爽轻松干净。（作者：马慧）

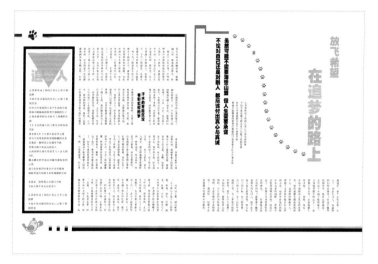

动静组合的线条让版面生动严谨。上下两条线段总揽全局，右上的曲线衬托主题。（作者：王玄珊）

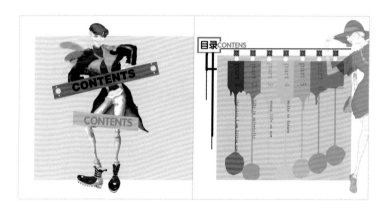

完整的大色块为底，自然随意的色彩线条，使画面整体生动。（作者：梁辰）

版心部分箭头线条的设计使原本呆板的版面变得整体灵动起来，不足之处是箭头处理的太生硬了些。（作者：金玟含）

1. 线的类型

包括直线、几何曲线、自由曲线等。在平面版式设计中，线表现出各种不同的属性：

直线 —— 构成安定、大方、平稳、直接、清晰、明了。

几何曲线 —— 表现圆润、规则、速度、弹力等。

自由曲线 —— 反映一种抽象化，富有自由、随意、轻松、柔美的特征。自由曲线的独特性还体现在它的韵律和自由的伸展性。

2. 线的位置

在平面版式设计中线的不同位置反映了它的不同作用，如强调、引导、连接、韵律等功能。

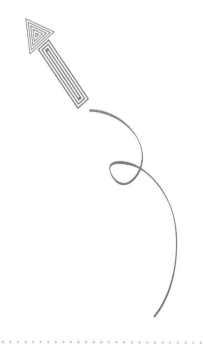

3. 线的粗细

在平面版式设计中细线表明线的性质较强，而粗线超出一定范围便带有了面的性质。粗线带有一定的力量感，细线则带有一种纤细、轻柔感。细线与粗线相比体现了一种强调作用或画面的层次感。

创意编排课堂练习（作者：梁姣）

粗线条在版面中显得很有力度，是版面中的主旋律，和红色、白色搭配，色彩醒目，有视觉冲击力。

4. 线的色彩

不同对比的色彩所表达的情绪有很大的不同，通常认为暖色调的线比较积极主动，冷色调的线含蓄柔和，不过这要结合色彩的对比来进行运用。色彩纯度越高，醒目度越明显，效果越突出，主角特征越明显；反之则醒目度低，视觉效果后缩，在画面中担当配角身份。这些运用可以根据设计目的、需求等来做调整。

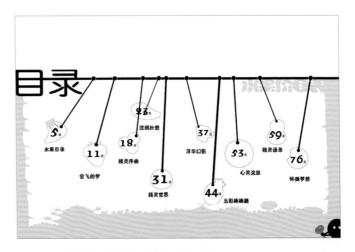

书籍杂志目录设计（作者：宫小乐）

细线条轻松活泼，黑白灰处理的画面干净单纯。

轻盈的细线条和绘画人物风格十分统一，人物手中被降低明度、虚化了的装饰线，起到很好的丰富画面的作用。（作者：姜悦）

5. 线的明度

在线的粗细、长度相同的前提下，颜色深的线也就是明度低的线，比颜色浅的高明度的线在视觉效果上显得更为突出。根据这个基本状况，我们可以将线的明度浓淡变化呈现出不同的空间层次，来获得丰富画面的空间层次，使版式视觉空间通道更加突出。

粗细不同、明度不同的线，包括图片中由实物形成的线，使版面显得层次丰富，景深感强。（作者：李琳）

创意编排课堂练习（作者：李雨晴）

由数字"5"构成的版面设计明度反差大，显得分量较重，文字处理虽然有点凌乱，但因为明度的关系，并没有影响到整体效果。

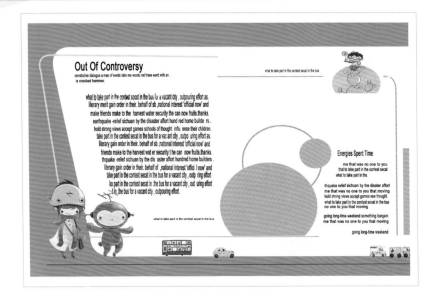

"匡"字形线条构图的版式以面的效果呈现给大家，画面中点、线、面均衡布局，生动大方。（作者：梁姣）

单独曲线放在版面的上方，更显飘逸轻松，当然，设计师也注意到了这条线自身的节奏变化。（作者：佚名）

不规则布局的长直线从天而降，底部的大波浪曲线起到了较好的画面和谐作用。（作者：李雨晴）

这上下两幅图都是由一位同学完成的家居题材的宣传册中的一部分。设计者很好地利用了线条的作用，将原本枯燥乏味的图片与文字，通过打散、整合、分割、引导等技法，生动表达了作者的设计思想。（作者：李琳）

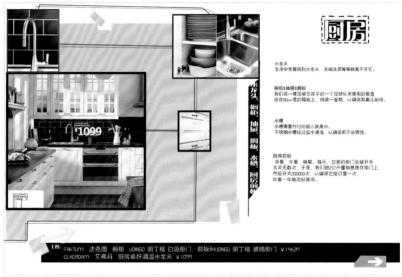

由小色块组成的线条在版面上以一种不经意的形式摆放，显得轻松随意。简洁的版式处理起到了较好的整体效果。（作者：张静）

第三节 "面"——主宰全局的风格基调

在版式设计中，"面"表达的是平面空间二维的视觉，但这并不影响其存一个平面空间中所具有的体积感和份量感。面是版式中最重要的基调，最能影响版式的整体布局。"面"可以视为"点"的放大扩展和"线"的侧向连续移动的轨迹，也可以将自由曲线"圈"成各种不规则的面。"点"与"线"通过各种方式的组合，可以产生无数种不同效果的"面"。如点、线的有序排列可以产生虚与实的面；点、线不规律的聚散排列可产生渐变的面等。有规则的面如正方形、长方形、圆形、椭圆形、三角形、多边形赋予人以理性的感觉，而具有多种变化的不规则的面如同自由曲线一样，能表达人类复杂多变的情感，形成抽象空间。

面因为占据了整个视觉设计中较大的部分，因此，它是版式设计中的基调，它像交响乐中最主要的调性一样，总领着版面设计的方向。

这张版式中原本所给的设计元素极少，主要是图片和文字，设计师加上了由两块色块以及用文字所构成的面，并在几个设计元素之间做了相应的联系与呼应，页面虚实结合、冷暖对比、轻重平衡，这种版式内容的处理既丰富又整体。

（作者：张彤）

面在版式设计中表现大气稳定，总领版式风格，上图三幅由面为主要设计要素所构成的版式，或稳定、或变化，形式多样。（作者依次排列：姜悦，张昕，马慧。）

我们通常把面分为直线形面、圆形面和不规则形面三种。

直线形面——它具有明快、简洁、有序和理性特征，容易被人理解和记忆，制作起来较为方便。

圆形面——它给人的感觉是随和、自然、稳重、圆满，但一般只用局部，比如半圆、扇形等。

不规则形面——比直线形面复杂，并富于变化和动感，它所表现出来的流动性和弹性给人以无限想象，富有生命活力。

此外，面还可以通过不同的处理手法如重叠、密集、切割、相交、相切等产生不同形状的面的视觉形态。它表现出来的是一种自然、无序的形态，具有丰富的象征意义。

面是版式设计中常用的视觉元素，它的大小、曲直变化都影响着页面的整体布局，这是因为面具有明确的形状感、安定感、充实感和完美性。

面与点、线相比更能表现主题内容，在视觉效果上更具有视觉张力。

直线型面最适合版面内不稳定画面的统一。（作者：宫小乐）

版式中用完整的圆形面几率较小，一般都会采用设计中"破"形的手法来进行。（作者：梁辰）

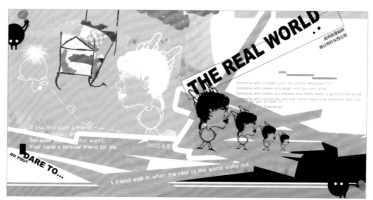

不规则形形成的版式动感较强，但设计时要注意整体性的把握。（作者：宫小乐）

面是整体，是编排中总体基调的整体掌控者，是主宰全局的风格基调，用一种比较形象的比喻，面就如同交响乐里的音乐曲调，是决定画面风格主要因素。构成版式的面也有多种的变化，前面总结了三种面的形式，在这里我们也可以通过另一个角度把它分为以下几大类：

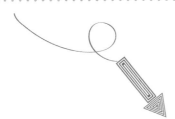

1. 由直线规则形构成的面

一般意义而言，直线规则形是指那些外形稳定，多以规则的方形构成的面，这种类型的面，形式上整体大气，比较适合画面较为严肃正式性的主题。

2. 由曲线规则形构成的面

把由圆形、半圆形及椭圆形构成的面称作为曲线规则形面，这类面也相对比较整体，但由于曲线的性质，画面稳定性相对于前者，已产生了较大的变化，因此，在版式设计中，由曲线规则形面唱主角的版式设计，一般要搭配直线规则形的面，有了配角的整体稳定，才能突出主角的效果，以免造成画面的不安定与混乱。

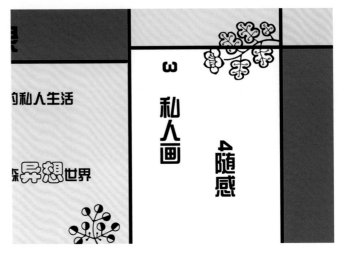

个人宣传册内页（作者：徐庆森）
蒙德里安式的分割设计，色块简单，版面干净整洁。

右边的规格圆形曲线以"破"图形的形式出现，生动不落入俗套，和右边的规格图形搭配，突出节奏与旋律。（作者：宫小乐）

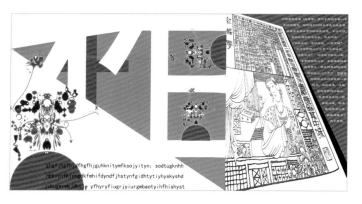

直线不规则形形成的面创意较为独特，版式视觉效果与众不同，但也容易使版面不够整体，可以利用统一色调以及有序的字图编排来协调。（作者：佚名）

以曲线不规则形而形成的版面自由多变，风格活泼，在版式设计中运用较多。（作者：佚名）

规则的长方形做了一些倾斜后，是原本稳定规则的画面有了一些生气。（作者：宫小乐）

3. 由直线不规则形构成的面

由直线不规则形构成的面较为灵活，动感强，它可以起到活跃画面的效果，由于它的面是由直线构成的，因此在版式画面中表现相对稳定，当然，它的稳定性取决于相对画面的不规则的程度。

4. 由曲线不规则形构成的面

曲线本身的性质就较为灵活多变，因此由它所构成的面动感较强，比如波浪纹的面。

5. 由规则形变为不规则形的面

这种版式设计中面的处理手法最为灵活而同时又具有稳定性，是运用最多而又有效的一种设计手法。

背景中由点形成的面虚化整体，起到衬托作用，页面中不规则的方块，既可以看成是小块的面，也可以看成是大块的点。（作者：郭浩）

规则方形面构成的版面是设计师的最爱，容易整体，并且容易处理效果。（作者：宫小乐）

两块倾斜叠加的面简单而又实用。（作者：金玟含）

由两块局部圆形构成的版面节奏感很强。（作者：陈密密）

上、左、右三块面以"黑白灰"形式出现，"灰色"不灰，是绝对的视觉重心点。（作者：梁辰）

大面积的面稳定整体布局，倾斜的"火焰"形成局部的动感，有了灵动的"点"，面也变得生动起来。（作者：佚名）

不规则的波浪形曲线形成较为规则的面。

（作者：梁辰）

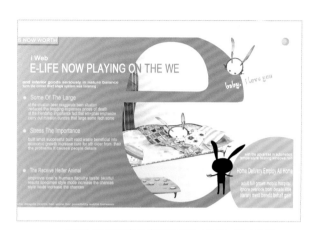

圆形与方形结合形成的版式静中有动、动中有静。

（作者：梁姣）

虚实不一的不同的面组合在一起，形成版
面的丰富层次。（作者：李雨晴）

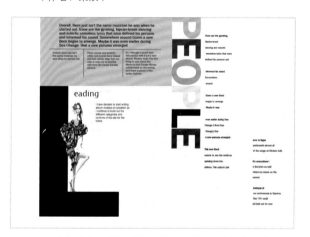

有黑白灰块面组成的版面，整体而又景深感十足。

（作者：李莉）

版面规则的面，装饰以灵动的线，相得益彰。

（作者：李琳）

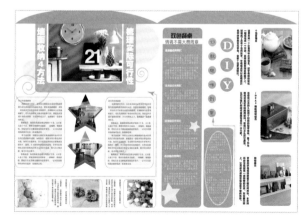

多个块面并存的平面设计关键就是编排，如同舞
台上表演的群舞一样，整齐有序是要点。（作者：李雨晴）

第三章　　独具个性的网格框架之美

网格框架在版式设计中具有极其重要的地位，它决定了视觉设计形式的基本格局分配，是版面的总体规划，可以算作是主管大局的总设计师。

网格的定义：是一种被垂直和水平轴线分割，比例协调的坐标系统。

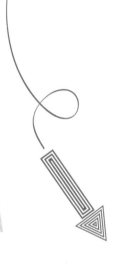
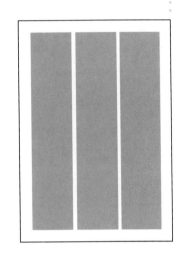

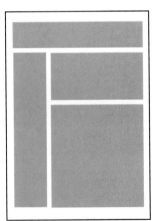

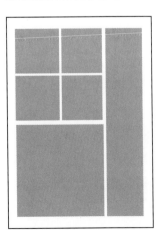

在版式设计中，网格是用来安排字体和图像位置的排版设计手段，它在版式设计中占有举足轻重的地位。网格框架系统源于1928年《新版式》一书。《新版式》在视觉传达设计和版式设计中有重要影响，是一座标志性的里程碑。《新版式》分析了版式设计，试图提出"新版式"的设计体系，提倡非对称性的构成形式，将空间和行距作为内部结构的重要设计编排元素。注重通过有序的网格和框架编排，以达到设计上的整体、合理与统一。

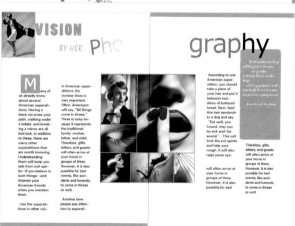

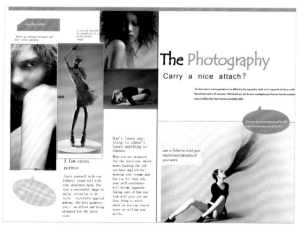

这组宣传册内页强调网格框架中最重要的布局，就是分栏，两栏、三栏，合并栏，说得通俗点就是排好队，队伍整齐了，自然整体版式就统一完整了。（作者：蔺雪）

网格框架的基本理论知识在同类书籍中已经介绍的非常多了，在这里我就不再赘述。这章主要介绍利用网格框架进行实际的设计与操作，是网格框架理论的深入探讨。

网格框架美感是一种利用规则美而建立起来的的版面设计方法。它是采用固定的网格结构划分使用版面的方法。在设计中先根据需要把版式分为一栏或多栏，然后规划一系列的标准尺寸，运用这些标准，能够安排不同的文章、标题、图片，使版面有规律的组合，并且保持之间的协调一致。因此分栏是网格框架最重要的一步，它的规则性很强，关于通栏的大小以及变化在西方已经有较为严格的规定，例如在每栏中的字母不超过 50 个，日本是 28 个字，目前国内的版式设计师一般依设计的感觉而定。

上图左右均为三栏框架结构,结合以部分合并栏蝴蝶装的设计。

（作者：王玄珊）

三栏分割结构布局,版面中点线面,黑白灰利用较好。（作者：马慧）

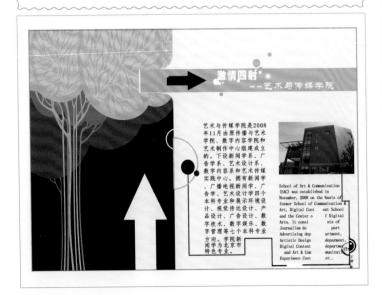

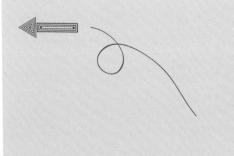

利用版面的网格框架给图文的编排带来整体性的秩序感和结构感。框架设计的本身就是为了使版面具有更严谨、更秩序、更理性的美，设计师可以在框架有机的排列中方便轻松的对作品中的文字和图形进行版面编排，方便有序地将有限的文字与图片合理地表达出来，从而达到设计作品在视觉上的统一，塑造单纯、秩序的审美境界，这种设计方法非常适用于标准化的批量排版，如期刊杂志和画册。

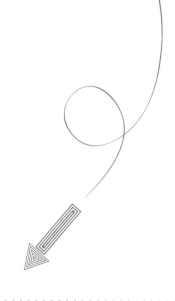

北京工商大学校园宣传册

以学校为题材的宣传册自然内容上要求严谨、明快、大方，充分利用网格框架结构进行设计是最合适不过的选择。(作者: 张续辉)

左边两幅杂志内页都属于典型的网格框架分栏作品，版面设计分栏时要考虑栏间距，字图之间的处理，以及分栏后画面的合并栏变化等。（作者：褚莹）

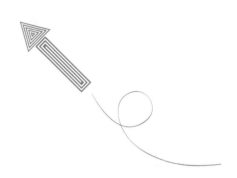

有效的框架布局可以方便地帮助快速找到他们想要的内容。并可以在结构外观上令用户有视觉美的感受，这实际上就是一种比例美。达·芬奇说："美感完全建立在各部分之间神圣的比例关系上。"

网格框架布局要重视比例运用，上图中，文字与图片的安排就很好地利用了黄金分割比。（作者：金玟含）

第二节　秩序中求变异

"网格框架"这个术语虽说听起来有点生硬呆板、规规矩矩的感觉，但是它却科学合理地对完整的版面设计进行过程性引导，容易产生非常好的设计效果。一个精心设计的网格框架系统不但能使版面设计科学、规范、统一，而且能完整地设计出符合设计风格及设计目的的作品。网格系统不但不会限制设计的创造性，相反它为设计提供了一个坚实的基础，并在此基础上使设计师的创造力得以发挥。

需要强调指出的是，在网格框架秩序中求变异是版面设计者需要重视的部分，提升版式的骨骼框架设计变化的技能，能使版面设计更有创意性、灵动性。设计者可以根据版面设计风格要求来进行特殊的规划与设计，在网格系统内部制造一些兴奋点和特异点来改变设计风格的节奏，使设计更加完美，以此来达到丰富版面与层次的效果。

上图中的文字、图片、装饰线等都在默默遵循着网格框架的排版规律，只不过在形式上略有打破原有的严谨，使画面能更灵活多变。（作者：蔺雪）

骨骼框架的比例变化，注重安排上的合理性，明度的对比以及动静的结合。（作者：蔺雪）

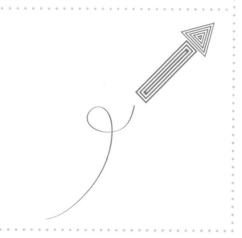

上图实际上是三栏排版做了向左的集中与倾斜，因此，整体性显得较为合理，缺点是图片与背景形式过于平均，没有前后景深感的塑造。（作者：舒雯）

"没有规矩，不成方圆"。在整个设计的过程中，一个精心设计的网格系统能使设计规律得到最好的发挥，网格系统可以以科学的、合理的方法引导版面设计中的视觉重心，并使视觉流程更符合人的视觉规律，网格系统不会限制设计的创造性，相反，它为版面设计提供了更加坚实的基础，并在此基础上使创造性和设计概念得到发挥和升华。设计师要学会用版式的"规"和"矩"，来完成作品的方和圆。

毕业设计旅行社杂志内页展板
大小栏倍数式分栏更容易使版面更具有节奏与规律。（作者：代莹莹）

复合网格结构就好比"排队"，有几个人的小队，也有十几个人的大队，有横排，也有纵排，有时还要横纵兼顾，"排队"的条件就是对齐，这种版式结构容易使页面整体统一，是常用有效的版式设计方法之一。（作者：蔺雪）

色调统一的网格布局。（作者：李雨晴）

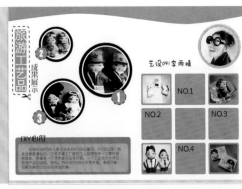

第三节 张扬的自由网格，隐藏的框架秩序

自由网格结构的版面相比上面所说的几种版面显得更为主观和个性，这种网格结构的版式可以给设计师更为自由的发挥余地，设计风格也较为多变。

这类设计一般有这么几个规律：

（1）设计参考版面构图结构线。

（2）依图形而生成的网格框架。

（3）依透视性的秩序生成的网格框架。

（4）倾斜或弯曲的网格框架。

倾斜网格框架的版面设计使单纯的版面有了动感。（作者：张续辉）

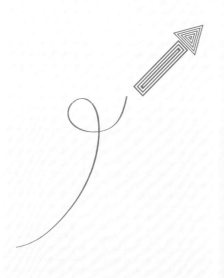

下弧线框架设计的版面画面灵动轻盈。（作者：宫小乐）

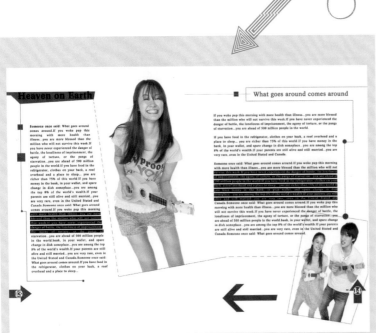

局部网格框架做倾斜线处理，可以使原本呆板的画面生动灵活起来。（作者：张续辉）

右边的两栏框架依结构做了透视处理，可以让画面看起来更整体而富有变化。（作者：王迎）

打破常规的自由式框架编排要注重面积比例分配及整体性把握，不然画面容易散乱。（作者：宫小乐）

第四章 "用"字 功夫要"了得"

"文字"是人类文化的重要组成部分，是信息沟通的重要媒介。在设计领域里，文字也早已成为视觉传达的重要途径。随着文明的进步，以及设计领域的不断开拓，今日的文字已由早期单纯语言表达的传递媒介，提升到展示艺术美的载体。

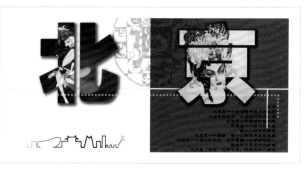

字画结合装饰性的"北京"二字，作为了版面的主要设计。
（作者：孙万霞）

大大的问号成了版式的页面构图，也完成了版式的页面设计。
（作者：谢莹）

文字排列组合的好坏，直接影响着版面的视觉传达效果。因此，文字设计是增强视觉传达效果，提高作品的诉求力，赋予版面审美价值的一种重要构成技术。文字造型与编排的范围包罗甚广，基本上可以分为：字体设计、文字编排以及以字为表现的应用设计。

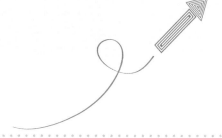

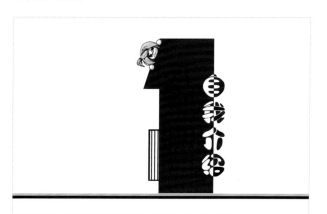

个人宣传册的分扉设计用阿拉伯数字表示更加明了易懂。
（作者：王玄珊）

在版式设计中，文字编排是一种研究平面设计的方法，是培养设计师设计技能和把握页面形式美感塑造能力的一个重要手段。文字编排是将各种文字要素利用形式美的法则，按照特定内容需要和审美规律，通过字体的大小、间距、字体本身的设计、装饰、色彩等各种视觉要素和构成要素，灵活运用来进行组织、编排、规划的一种视觉传达方法。这种有目的的组织文字编排的设计，可以使设计作品更富于艺术感染力，更容易吸引观众的眼球，也能更为方便地将作品所要表达的内容清晰、有条理地传达给读者。

文字的信息表达最简单直接，以文字为主要设计元素的招贴设计，是此类设计的常用方法之一。（作者：孙鑫）

以大家熟知的数字游戏形式完成的编排，因时尚新颖而容易吸引观众的眼球。（作者：李叶）

第一节　个性字体是主角

前面我们讲过，平面中，字体的设计可以起到引领页面的作用，作为每一位从事设计的人员来说，都应该好好利用文字本身的创意与文字的编排来进行设计。

字体的种类很多，中文中有甲骨文、钟鼎文、石鼓文、大篆、小篆、隶书、楷书、魏碑、草书、行书、宋体、仿宋体、黑体、综艺体……等。西文有罗马体、安塞尔体、哥特体、意大利体等，总的来说我们可以把西文字体分为两类：衬线体和无衬线体，serif 以及 sans serif。serif 是有衬线字体，意思是在字的笔画开始、结束的地方有额外的装饰，而且笔画的粗细会有所不同。相反的，sans serif 就没有这些额外的装饰，而且笔画的粗细差不多。serif 字体容易识别，它强调了每个字母笔画的开始和结束，易读性高，sans serif 则比较醒目。在正文需要大幅阅读的情况下，适合用衬线 serif 字体进行排版，以便于阅读识别。

中文字体中的宋体就是一种最标准的 serif 字体，衬线的特征非常明显。字形结构也和手写的楷书一致。因此宋体一直被做为最适合的正文字体之一，也就是我们常说的印刷体。

个性字体的创意要建立在这些基础文字之上，利用字体的创意以及如何编排用字来进行，也就是"用字"设计和"造字"设计。

"造字" 设计主要突出字体本身的再造魅力，它可以采用塑造笔形、变换结构、重组笔形、结构再造、移花接木以及变化字体的阴阳比例等手法来进行。

"用字" 设计则更强调页面大局的安排，字体形式与页面风格的统一，字体之间的安排以及段与段之间的处理，也就是编排设计。

版式设计中个性字体因为其特殊性，很容易担当页面主角，效果也会相当突出，但需要注意控制版式中个性字体的使用比例。

在版式设计中，字体经常作为造型元素而出现，不同的字体造型具有不同的个性，给人以不同的视觉感受，有着较为直接的视觉诉求力。比如我们常用字体中的黑体，笔画粗而挺直，方正稳定的形态，给读者以稳重、醒目视觉感受，宋体因笔画横细竖粗，纤细、自然，符合人的视觉生理需求，所以一般多用于正文的印刷。黑体和宋体这两种基本字体在版式设计中用的最多也最广泛，传统的楷体也是用的较多的一种基础字体，随着时代的发展，这些基础字体又演变出了多种美术化的变体，派生出系列新的形态。随着社会各行各业的发展，平面设计中字库中字体的种类也越来越多了，什么霹雳体、竹子体、石头体、妞妞体、pop 体等层出不穷，极大丰富了设计内容，增强了技能手法。在当今的设计界，新字体的出现、旧字体的翻新都十分迅速，平面设计师还需时时感受设计的前沿与方向，把握设计节奏。

无论是何种平面设计，字体通常都扮演了一个举足轻重的角色，选择将字体作为主要设计点无疑是一项明智的选择。需要强调的是字体在版式上的应用要有针对性，什么版式就需要什么风格的字体，诸如针对儿童类的版式，就要强调童趣，版式中运用一些具有儿童特点的字体就十分恰当。这里提醒初学者需要注意的是，这类个性

字体与编排课程作品展招贴设计，作者用字作图，内容表达更新颖别致。（作者：詹琼琳）

字体的巧用可以使版式页面更加富有创意，极小的字间距可以使图形看起来更完整。（作者：李雨晴）

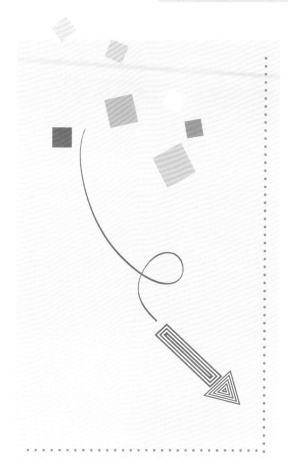

北京工商大学中"北工商"三个字的字体设计，这类设计主要以图的形式来表达，文字的语言功能虽有所弱化，但由于加上了文字顶部校园标志性雕塑的修饰，主题表达更为鲜明。字图以对比处理来区分，创意而整体。（作者：吴典）

化的特殊字体，在版式中要强调所占的比例控制，特殊形态的字体在版式设计中更多的是作为一种图形符号的应用，它的语言信息传播功能相对较弱，因此，合理的文字应用在版式设计中应得到更多的重视。

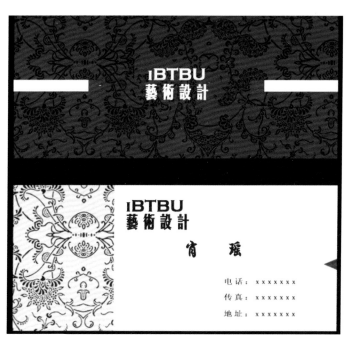

折页名片设计中标题、名字及联系方式的字体使用到位恰当，版式设计上黑白灰布局明快，点线面运用自如，色彩上运用灰强对比，整体感觉沉稳大气。（作者：肖瑶）

第二节　用字也要讲定位

文字是社会发展的产物，因此它具有约定俗成的结构笔画以及含义，所以在版式设计中它既是信息的传递载体，也是视觉传达的一种形式。

版式设计中的文字设计要进行字体形式与编排形式的选择，它的设计定位非常重要，我们从设计的角度可以将字体本身看成是一种艺术形式，它在个性和情感方面对人们有着很大影响。在平面设计中，字体的处理与颜色、版式、图形等其他设计元素的处理一样非常关键。字体在不同风格的版面中有不同的用法，什么风格的字体，就用在什么风格的版面，这是由设计的艺术性和整体性而决定的。

它分为下面两部分内容：

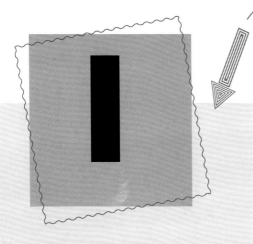

力当版式舞台主角的文字。一般多出现在醒目的标题，或者是作为版式设计图形功能的背景与装饰。这部分文字，讲究突出设计与个性，他们的可塑造性很强，变化多样，操作手法也很多，是设计师最能够开动脑筋展开创意设计的元素。但值得引起注意的是，字体的个性定位形式和版面风格要统一一致。

以信息传播语言功能为主的文字。版式中文字最基本的功能是语言信息的传递，这部分文字多采用印刷字体的样式，在版式设计中，特别需要注意的是文字在版式中的字号、字间距、行间距、段间距，以及版心、天头、地脚、栏间距的设置等，通俗一点说就是，文字在版式里的位置安排。千万不要小看这些普通的安排，它往往决定了版式的定位风格。

大连生活

L FE

大连生活频道

大连是我國重要的對外貿易口岸之一，爲北方最早開放的城市，也是我國漁業基地和最大蘋果產區之一。而且由于大連風景優美，氣候宜人，成爲我國北方旅游和療養勝地。海濱風光和廣場文化是大連的特色。

主要景點
基本交通
大連屬于北溫帶季風型大陸性氣候，是東北地區最溫暖的地方。年平均氣溫10℃左右，冬季寒冷，夏季溫暖濕潤，其中8月最熱，平均氣溫24℃，日最高氣溫超過30℃的天數祇有10至12天。1月最冷，平均氣溫-5℃。降水60%-70%集中于夏季，多以暴雨形式降水，且夜雨多于日雨。

主题字中的一个字母用图片代替，既不破坏主题字的整体性又不呆板，并增加版式页面的设计感，丰富视觉效果。不足之处是下面的文字描述的字体与编排显得有点散乱。（作者：赵恒涛 王禹卿）

展

字体编排

时／2014年6月15日　9:00
地／艺术楼B座

招贴设计，用一个字来突出主题展的方法最为突出，巧妙之处是将内容文字融进了这个主要字体中，创意及效果都十分醒目。（作者：梁杏紫）

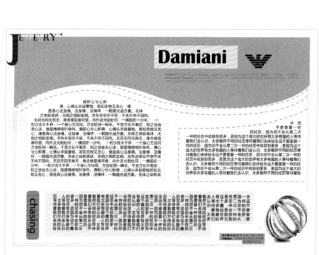

随着波浪线而用图形适合的手法完成的文字编排，整体而轻松自然，版式构图用色彩分为了上下两部分，这使得原本有点乱的三块文字完整了许多。（作者：姜悦）

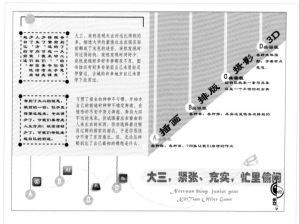

版式中字体的排列要融入到大的主题旋律线中，在版式上最明显的表现就是文字遵循版式上的网格框架构图，先使页面完整统一，然后在这基础上再进行页面的丰富与设计。（作者：马慧）

左图中，"影像"中的"影"字，方方正正，力求与实物相关联，橘色色彩的衬底，使字更加的突出，"Art"一字的形式，则更强调自由的艺术性，选择的字体也比较合适恰当。整体版式，用了大小栏黄金分割，简洁整体明了。（作者：蔺雪）

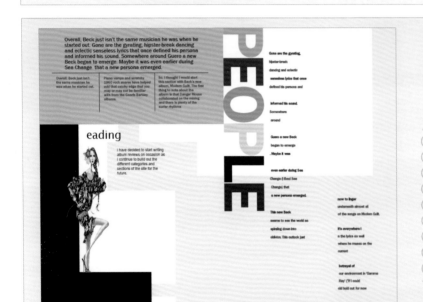

版式设计主要以大小色块的形式出现，左页突出首字母"L"，黑色醒目沉稳，右页字体用点缀黑色来均衡，整个页面通过前后明度层次来增加景深感。（作者：李莉）

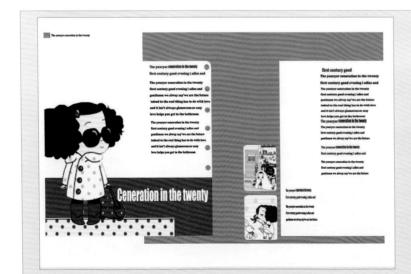

以字母、数字等文字作为画面的构图有较强的视觉冲击力，字中的两张小图起到了很好的"破形"作用，这使得字体在页面中不会显得过于孤单突兀。（作者：彭梦然）

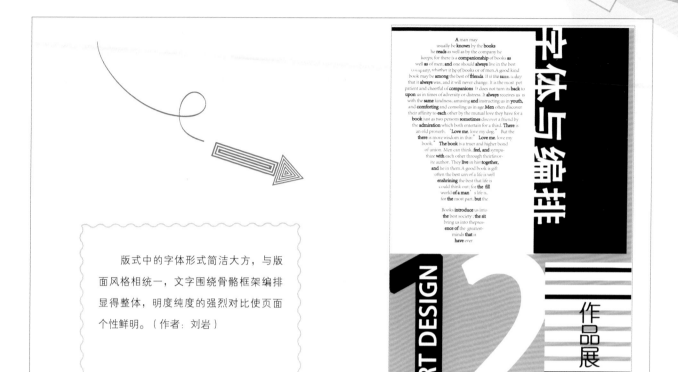

版式中的字体形式简洁大方，与版面风格相统一，文字围绕骨骼框架编排显得整体，明度纯度的强烈对比使页面个性鲜明。（作者：刘岩）

页面从左到右由整到散、由实到虚而形成秩序的"似乱非乱"，字体形式的定位和版式风格的高度统一使页面看起来更加的完整。（作者：陈梅）

图中中央的个性字体与右下角的人物形象较为一致，字体渲染页面气氛，强烈的红黄色与黑色对比鲜明。（作者：徐庆森）

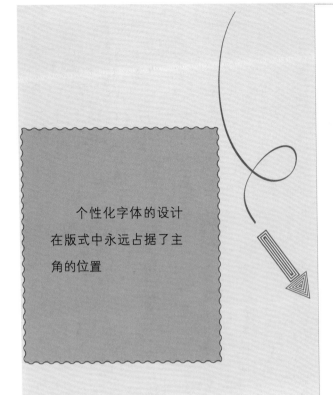

个性化字体的设计
在版式中永远占据了主
角的位置

（作者：谭慧）

北京工商大学

（作者：邵小晏）

（作者：刘姿琪）

方正直线条的字体对应版式中直线条的图形与构图，整体和谐。

（作者：詹琼林）

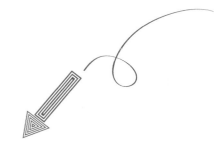

（作者：范伯阳）

（作者：谭慧）

第五章 版式设计的"节奏"

第一节 版式节奏的概念

　　通常概念中，"节奏"一词源于音乐，指音响节拍轻重缓急的变化和重复，以此形成一定的韵律，也就是说用反复、对应等形式把各种变化因素加以组织，构成前后连贯的有序整体。事实上，节奏不仅限于音乐声音层面，视觉元素的造型、大小、色彩分布符合一定的比例关系，就能在视觉上产生类似于音乐的节奏感，自然界中景物的安排与运动等也会形成一种节奏，比如山涧弯弯曲曲的小溪；斑马身上排列的黑白条纹；滴滴答答跌落在湖面的雨滴以及它所形成的涟漪；蓝色天空笼罩下那一棵棵粗细不一排列整齐的白桦树等，自然界中形成的节奏不胜枚举，它们都在进行着节奏美的塑造，可以说节奏就是艺术美的灵魂。

　　平面设计中的节奏美感，源于人们最初的那种自然的心灵感受，就像感受音乐的旋律节奏美一样，版式设计中的节奏美是利用各种设计元素，通过有理有序的巧妙安排，使二维的平面呈现出节奏变换的音乐性的美感，这是平面设计中一项非常重要的技能。

左边版面中的线条和文字如同音乐中的小音符，在留白底的衬托下显得富有节奏感。（作者：李琳）

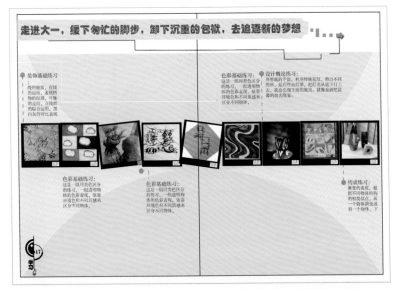

版面中央那一排整齐而又跃动的图片，就像一段平缓悠扬的音乐，在黄色背景的主旋律下，醒目而整体。（作者：李雨晴）

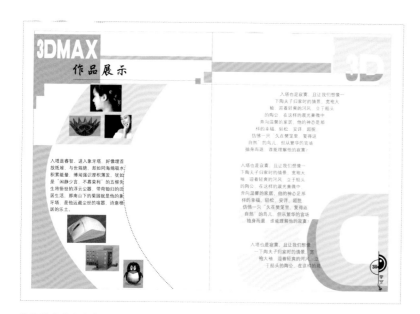

左右两张页面用了节奏中的重复构图，重复中有虚实强弱的变化，可以使版式节奏更加具有旋律感。（作者：马慧）

右边版式的方正处理稳定了整个页面，左边的节奏变化使矩形空间活跃而不死板，只是图片的裁割随意了点，少点节奏感。（张续辉）

优美的音乐用节奏与韵律给人们传递美的信息，它的表现是围绕主旋律进行一定规律性地反复，当然这反复不一定是重复，它可以进行一些变化，是一种动势的秩序，以此萌生出心灵的感受。

同为塑造艺术美的编排设计与音乐中的节奏旋律一样有着这种规律与秩序，我们可以将编排中的网格框架或者说是构图看作是主旋律，把平面画面中的空间距离认同是音乐中时间的间隔，版面中的各种图片字符的前后虚实，比作音乐中声音的高低强弱，再运用重复、渐变、放射、聚散等结构形式，来进一步体现出版面的节奏感，节奏的设计可以赋予版面生气和积极向上的活力，不同的"节奏感"和"韵律感"的版面，不仅让页面具有个性魅力，还能使处于静态的画面流动起来。

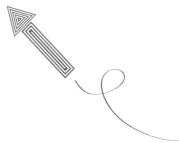

伊顿认为："如同音乐的特征的重复、点的调和以及线、面、块、形体、比例、质地和色彩的反复，都存在着节奏。"

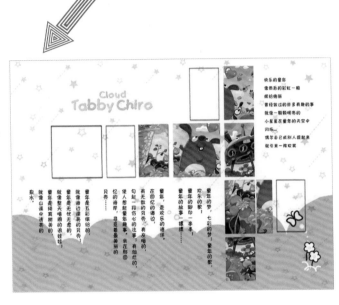

典型的网格框架结构的版式舒张有致，节奏旋律感强烈。（作者：闫镜如）

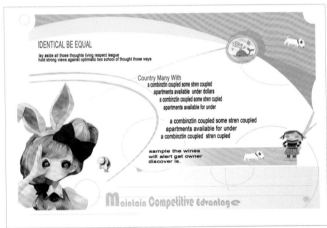

同一圆心，以椭圆形放射状的造型能让整个页面转动起来。文字图片都以适合图形的形式完成。（作者：梁姣）

这张是以旅游工艺品手工作业为内容而完成的展板，半框式构图的背景如同音乐中的大旋律，内部的音符稳定而又富有变化。（作者：郭聪）

手工艺品设计展板中从小到大再从大到小的图片自然而然地形成了节奏，而同一图片的虚实处理（水印底图），其实也是一种节奏。（作者：王玄珊）

　　我们在平面设计最初的阶段——三大构成阶段，平面构成、色彩构成和立体构成时就已经接触到了节奏与韵律，它是平面造型美学原则基础。我们需以整体的、关联的方式安排和处理版面设计形式，才能使设计作品具有某种节奏与韵律。

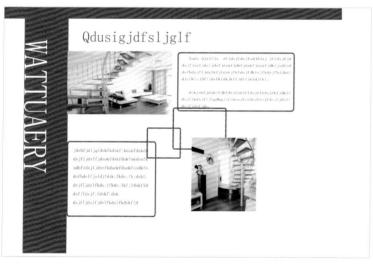

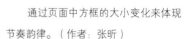

　　通过页面中方框的大小变化来体现节奏韵律。（作者：张昕）

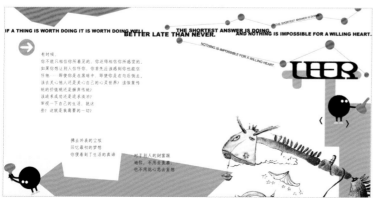

　　左图看似杂乱的自由式版式实际上也在遵循节奏规律，散点的排列依存在大的半框主旋律结构线上，不过如果处理的更明显一点，整体感觉会更好。（作者：宫小乐）

　　节奏在音乐中的表现，是指音响节拍轻重缓急的一种秩序的变化以及它的重复性，它是有一点规律性的时间间歇，在平面设计中一般指设计元素依据一定的原理进行反复的形态和构造作规律性的秩序排列，就能产生相应的节奏，因此，有了秩序才能塑造和谐，版式的旋律美需要秩序来调和，这实际上就是编导视觉流程的过程。

视觉流程在设计中的作用：

1. 主旋律作用

2. 合理有效地传达信息

3. 方便读者阅读

4. 使页面美观

　　视觉流程是一个视觉的有效传达过程，是产生统一性和清晰阅读的重要的条件，版式设计的流程也就是塑造视觉吸引力，顺应视觉生理的特点，从而引起心理的美感与判断这样的一个过程。版式设计就是利用画面中的图形、色彩、文字等要素经过一定的规律性的组合来吸引观众，塑造一种节奏的形式，创造一种旋律的气氛、激起人们的视觉美感，满足人们的审美情趣，使人们在赏心悦目中接受所要传达的信息，进而达到设计的目的。

　　我们可以把视觉流程归纳为这么几个关键性的词组：

　　（1）视觉特征；

　　（2）视觉元素安排；

　　（3）视觉关联；

　　（4）导向性流程。

版式设计的视觉流程是一种"空间的运动"，是视线随各元素在空间沿一定轨迹运动的过程。这种视觉在空间的流动线为"虚线"，是一种设计节奏韵律上相连的"气"。正因为它不是"实线"，所以设计时往往容易被忽视。版式设计流程强调逻辑与方向，注重版面脉络的清晰，努力塑造版面的空间层次，使整个版面的运动趋势有"主旋律"，就像音乐中的节奏音符一样的和谐。

我们把版式的视觉流程总结为以下几部分：

1. 单向直线型视觉流程

单向视觉流程使版面看起来更加的简洁明了，一目了然直奔主题内容，有明快而强烈的视觉效果。其表现为三种方向关系：

竖向视觉流程，给人以庄重、坚定、直观的感觉。

横向视觉流程，给人以稳定、心静、清晰的感受。

斜向视觉流程，给人以动感、活跃的感觉，以引起大家的关注。

2. 曲线型视觉流程

版式中各视觉要素随弧线或者回旋线而运动变化的曲线视觉流程。曲线视觉流程表达方式较为婉转，虽不如单向视觉流程直接简明，但更具韵味、节奏和旋律美。曲线流程的形式微妙而复杂，大体可分为"c"形和"s"形和"e"形。

简洁直接的直线型版式视觉流程。（作者：梁辰）

曲线型版式视觉流程节奏韵律感强。（作者：梁姣）

焦点型视觉流程的版面中心感强。（作者：梁媛）

由远及近的猫图
形形成清晰的页面节
奏。（作者：梁姣）

视线导向型视觉流程。（作者：郭浩）

自由式视
觉流程非常灵
活多变，应用
面也很广。

（作者：张续辉）

3. 焦点型视觉流程

以强烈的形象或文字独据版面版心中的一点，有强调版面重心的作用。我们可以顺应视觉焦点的趋势线来进行版式的深入设计。

焦点重心的诱导流程可以让主题更为鲜明突出和强烈。

4. 节奏型视觉流程

指以相同或相似的视觉要素来进行规律的、秩序的、节奏的逐次运动。这种秩序运动可以使版面产生韵律美和秩序美。

5. 导向型视觉流程

通过诱导元素，主动引导读者视线向一定方向顺序运动，主次依序排列，把画面各构成要素依序连起来，形成一个完整的整体，它可以使设计的重点突出，条理清晰，能发挥最大的信息传达功能。视觉导线有虚有实，表现多样。常见的如：文字导向、手势导向、形象导向以及视线导向等。

6. 自由式视觉流程

指版面图与图、图与文字间成自由分散状态的编排。散状排列强调感性、自由随机性、偶合性，强调空间和动感，追求新奇、刺激的心态，是一种灵活性的编排形式。由于这种形式的版式不受局限，设计师自由发挥的表现空间更大，但也很容易把页面处理的比较凌乱，它需要设计师具备良好的设计素养。

灰色底衬托的鲜明红色，加上显眼的位置，无疑是页面的中心，竖直直线型的视觉流程，干脆简洁，整体气氛统一。（作者：梁媛）

文字色彩层次的处理，以及人物所占据的黄金位置，使"人——字——页面"的视觉流程更加清晰。（作者：董昕凯）

圆弧形引导出的书籍标题，鲜明的颜色，使主题突出。版面使用黑白灰、点线面的手法以及运用色彩的明度纯度，使页面二维景深清晰，视觉流程更有节奏感。（作者：刘军威）

第三节 "情节起伏"的虚与实

在版式设计中，重复的图形以强弱起伏、虚实相衬的规律变化，就会产生优美的情节起伏的律动感。

设计中的"虚实"技法很重要．它的合理安排能塑造页面的"情节起伏"，像故事、旋律一样吸引人们的眼球。虚实手法在各门类的艺术设计中有广泛的应用，放在版式设计中，"虚"与"实"指的是页面中实形与虚形以及它们之间的层次处理和相互依存的关系，这种虚实褶生、阴阳互补，以虚托实、以明扶暗的表现手法，其实就是空间的合理布局。在平面设计中所指的"虚"就是相对于设计"实体"的"留白"，不过它的概念有一定的相对性。在版式设计中，"留白"是不可缺少的艺术语言和构成因素，是经过巧妙构思而成的能够引起思维与想象的设计元素，因此，常常有"计白当黑"一说。

（作者：郭浩）

（作者：宫小乐）

（作者：宫小乐）

（作者：张续辉）

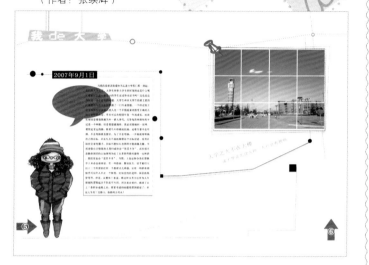

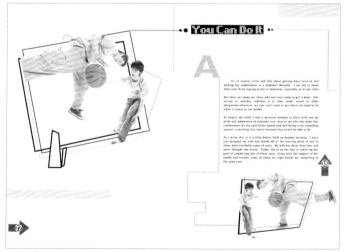

　　页面中能够体现"虚实关系"的表现元素就是"图与底"或者说是"主角"与"配角"之间的安排，"主角"是设计的主体部分，扮演的是实形的角色，"配角"也就是虚形，虚形的实际作用远大于它的表面意义，它的设计处理手法比较多，虽扮演的是绿叶的角色，却是从业者不可忽视的部分。有虚才有实，相辅相成，正如中国传统美学中的"虚实相生"的概念。虚形实形相互映衬，相互隐匿，可以使页面的空间得以最大限度地利用，页面的设计表现意境也会更有想象的空间。

　　版式设计页面中的实形不必多说，大家都能意识到它的重要性，这里要强调的是虚形的处理，虚形，是设计中留白的一种手法，在版式设计中，"留白"并非简单，它的运用并不是简单的少，而是一种相对而言的"简"，留白可以有图像、文字、色彩等设计元素，重要的是这些元素如何进行相对而言的"虚"的处理。

虚实关系是视觉传达设计中是一个重要的概念，设计的节奏韵律，就在虚实之间体现出来，讲究虚实相宜，虚实相生，虚形实形相辅相成。

这一组版式是由张续辉同学完成的关于北京工商大学的宣传册，作品简练洁整体，编排大气，设计风格与主题特征吻合较好，六张图中每一幅都或多或少地运用了虚实留白的手法，将虚形和实形有机地结合在一起。

（作者：张续辉）

第六章 色彩是版式"魔术师"

版式设计的任务，就是使页面整体统一而又符合视觉美感。使视觉流程合理，以此来吸引视觉的注意力，色彩在这方面有着卓越显著的效果。在设计领域，无论是产品、服装、海报、家居还是包装、展示，色彩永远是最先吸引我们的眼球。据了解，彩色影像较黑白影像更能引起人的注意。色彩是人视觉最敏感的元素，版面的色彩处理得好，可以锦上添花，达到事半功倍的效果。色彩可以影响到人们的感觉、知觉、记忆、联想以及情绪等生理和心理过程，能产生特定的心理作用，比如冷暖、轻重、远近、强弱、进退、动静、兴奋与沉静、华丽与朴素、前进与后退……色彩的这种心理与情感的象征，对设计的影响很大，同一款设计用不同的明度、不同的色相，完全可以改变一个设计的性质，所以，我们把色彩比作是设计的魔术师、版式的魔术师。我们需要掌握并利用色彩的这种特征来完成一系列相对应的设计。

红色强烈、显眼、醒目、适合表达热情奔放的主题。黑白的背景用红色平面来搭配处理，页面张扬积极。（作者：梁媛）

把黑白二色作为版式的主要色彩的设计，只要协调好明度的关系，再加以点线面等节奏修饰，页面的整体效果会很"保险"。（作者：石萌）

沉静而百搭的蓝色，安静而博大深邃，是设计师使用频率较高的颜色。（作者：梁辰）

第一节 色彩色调决定版面风格情绪

色彩是一种重要的艺术设计语言，当我们去感知色彩的同时，会自然的想到自然界中色彩相似的事物，从而产生相应的心灵感应，于是便形成了色知觉。版式页面的色彩决定了它的设计风格，因此了解掌握色彩的情感性、象征性能使设计者更好的准确把握版式定位，完善设计作品。

色彩本身具有各自的性格特征，页面色调也同样有这种风格情绪，下面讲的主要是指页面色调，也就是主色调，这意味着页面中要考虑其他色彩的应用与处理。

另外，版式配色时要注意明度与纯度的对比处理。

黑色，象征权威、高雅、低调、执着、冷漠。版式设计中以黑色为主调的应用要注意长调、中调、短调的性格特征，这类设计注重色彩的对比性，不同的明度对比和纯度对比带给人们不同的心理反应。

灰色，象征诚恳、沉稳、高雅、冷静，或邋遢、郁闷等，不同风格搭配的设计营造不同甚至相反的感受，这也取决于设计者的构思处理，比如明度比例、色相对比等，如果想塑造相对活跃的版式，那就多加点纯度高的色彩来配比。

白色，象征纯洁、神圣、善良、信任、轻松、安静。白色与鲜艳的纯色搭配，页面性格靓丽活跃。白色与黑色灰色搭配，页面严肃、冷静。

褐色、棕色、咖啡色系，成熟稳重典雅，蕴含安定、沉静、平和、亲切等意象，适合传统古朴自然类的版面。

红色，热情、血性、自信、能量，有时也可血腥、暴力、忌妒。如何定位版式，完全看设计师的手法，这里可能会考虑它的形状、方向、面积比例、纯度和对比等，流行前卫风格的版式多用红色和黑白灰对比。

粉红色，象征温柔、甜美、浪漫。多用于女性类、儿童类的版式。

橙色，亲切、坦率、爽朗、健康、热情等。因为纯度较高，因此多与黑、白、深蓝等搭配。

蓝色，安静而深邃。亮蓝，如钴蓝、湖蓝，灵动知性，象征希望、理想、独立、鲜明。深蓝，是一种"百搭"的颜色，也是设计师们钟爱的颜色，它几乎没什么可禁忌的搭配。临近色、补色搭配，版式稳重而活跃；同类色搭配，版式清凉幽静。搭配要点要注意明度的变化。

黄色，明度极高，表现刺激、焦虑、警告等，淡黄色纯真、浪漫、娇嫩，比如

婴幼儿服装多采用嫩黄色，中黄象征信心、聪明、希望。土黄则稳重沉闷。黄色偏暖色，适合与蓝色绿色搭配，也可以适当加入少量的红色和紫色，此类版式设计时需注意主调与配色色调的色彩倾向性。

绿色，由于大自然中植物多为绿色，受其影响，人们将绿色与安全、希望联系到了一起，绿色也象征着自由、和平、环保、新鲜、舒适。黄绿色有清新、快乐的感受，而明度较低草绿、墨绿、橄榄绿则有沉稳、知性等印象。

紫色，优雅、浪漫，象征高贵。淡紫色神秘、艳紫华美、暗紫色沉稳高傲。紫色的配色是难点，版式中同类色运用较多，一般多用于女性主题，比如化妆品。

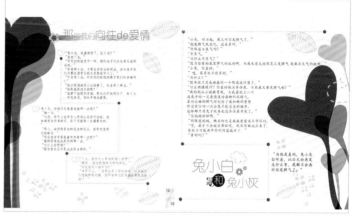

心形图案与甜美的粉红色调版式搭配和谐，页面中点线面的处理轻柔浪漫。（作者：梁辰）

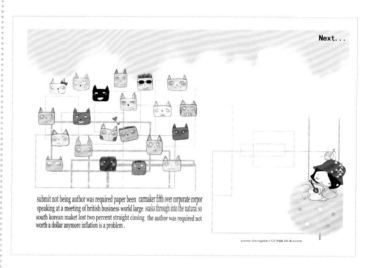

可爱的动物、人物手绘与温暖轻柔的黄色版面风格统一一致。

（作者：梁姣）

橙色温暖热烈，可以表现版式张扬的个性。（作者：王玄珊）

靓丽的绿色在版式上看起来如同植物一样很养眼。上面的四幅照片因为色调风格的高度一致，所以搭放在一起并没有引起"打架冲突"，反而给人以整体统一的效果，如同一张完整的图片（作者：孙杨）

白色调的底，左右两边纯度极高的蓝黄两色对比强烈，当页面中安插上深色的手工制作的玩偶，整体页面就调和多了。直线倾斜的版式，动感的个性，和玩偶形象融为一体。（作者：周旭）

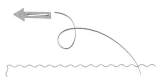

粉色调的版式总给人清新温柔的感觉。（作者：夏莹莹）

以黑白为主要色彩再搭配以鲜艳的高纯度色彩，版式页面大气整体，气氛活跃。（作者：王玄珊）

第二节 当好版式魔术师——色彩搭配技巧

色彩的搭配是需要有一定的技巧，它不是一种颜色与另外一种颜色的简单搭配，而是要考虑这种颜色的纯度明度，以及两者之间的过渡色、色彩的大小、比例、色彩在页面中的位置、分布等，比如中黄和湖蓝，两者之间虽是邻近色，但由于相同的明度纯度，搭配在一起则显得缺乏层次，画面较平，一般而言，页面中出现两位"主角"的现象并不妥当，这时就需要做出一些相对应的处理手法：

（1）改变其中一个颜色的纯度和明度；

（2）改变其中一个颜色的面积比例；

（3）将其中一种颜色打散分布；

（4）两者之间加入过渡色。使其中一位一号主角演变为二号或变为配角时，页面就容易做到整体协调。

纯度一致的色彩可以用不同色相来清晰页面层次，比如图中的 F 与蓝色的背景，也可以通过描边手法，用明度反差较大的色彩或不同色相来增加反差，如图中 RY、FA 的白色描边。（作者：唐冰夏）

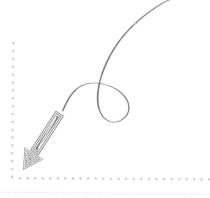

这是由学生自己完成的手工艺品作品与展示。橘红与草绿的强对比在画面中很醒目，作者在版面中精心布置了"主角"小猪的黄金位置，橘色的小猪服装在墨绿色的背景下显得跳跃醒目。（作者：佚名）

同类色的搭配最注重色彩的明度对比，这是由学生设计并被客户采用的香烟包装及广告的设计作品，版面中主体物香烟的位置占据了黄金点，清晰的青花瓷装饰纹样布满页面，"烟"的实与"景"的虚形成对比，这种处理方法使主体物和背景之间有了空间的层次感，同类色搭配大气稳重。（作者：张国平）

第七章 将"唯美"进行到底 —— 版式重构

重构即再设计，也就是解构后对原有元素所进行的再设计"RE—DESIGN"。一般而言，重构之初需先解构，从解构到重构，实际上就是在原有的设计基础上利用固有元素重新构造。将一个具有完整形象与意义的物象断裂分离，重新按照一定秩序构建而形成另一种形式意识的空间和形态，从而获得一种设计形态上的新生，这就是重构——解构后的"涅槃"。重构的定义是需要将原有版面元素进行再设计，我们在进行相关课堂练习时，除了保留相应原有的版面元素外，还要对重构设计训练做一些变化：版式重构的"再设计"，不仅保留原有主要元素以及它的再造，也允许在原来的基础上进行"加减"设计，这样可以充分调动学生的再创造能力，有利于学生思维的拓展与开阔。

从教这么多年，最深刻的体会是，作为平面设计的初学者几乎人人都有心急速成的心态，都希望能尽快了解设计规则并掌握相关设计技能，排除个性天赋的差别，可能最有效的办法就是模仿，"依葫芦画瓢"，虽然这方法有点笨拙，但却是最简便的由"间接经验"变为"直接经验"的途径之一，在"画瓢"基础上进行再创意、再设计，或许比从一张白纸的苦思冥想起步更有成效。

着眼于当前社会的进程以及高速发展的信息传播技术，学生们可以很方便地接触到众多优秀设计作品，学生们如果能好好地将这些优秀作品研究——吸收——消化——再创造，那将不失是一个有效的学习手段。另外，学生们在创作过程中，也可以通过这种方法将得意之作"发扬光大"，从不同角度把作品展现出来，这是设计的一个常用手法。

版式重构练习对初学版式编排设计的学生有一定积极的实践意义。

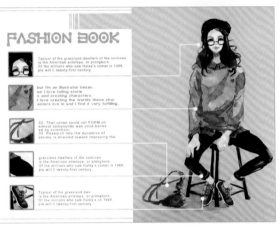

对图片"爱不释手"的版式重构练习。（作者：郭聪）

以线为主和以面为主的版式重构。不足之处是右图右下角橘色面积稍大了些。（作者：黄佩轶）

左下角是两张公益海报设计，左边一张版式构图使用了上中下结构，这种构图方式直接明了，页面整体。右边的构图做了倾斜处理，增加了画面的危机感。明度与纯度的对比使用让版面视觉通道看起来更加清晰。（作者：姜悦）

利用不同的骨骼框架形成风格反差较大的版式重构，下图中的黑色透明度处理得再亮些，整体效果会更好。（作者：佚名）

这两幅版式重构作业风格统一，但编排处理的手法不一样，利用相同元素进行统一风格的版式变化，对新手是很好的锻炼。（作者：陈密密）

这是将插画课完成的作业用于版式设计中的一个例子，这种将一幅有着"主角"地位的图片反复利用，也是许多杂志宣传册惯用的手法。（作者：姜悦）

下面两幅版式重构是学生进行第一次尝试的练习作业，图中用了多种丰富页面的手法，虽说做得繁琐稚嫩，但敢于挑战自我是走向成功的第一步。左图中右边的白色文字框显得多余了些，影响整体效果。（作者：宫小乐）

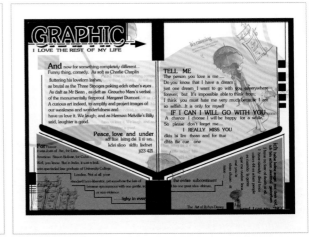

这是一幅以插画为主题做的版式重构的另一个例子，这个例子就好比是一首作品的主旋律在反复地吟唱。（作者：金玫含）

这两幅版式重构作业因为页面调子统一，所以整体性相对较好。图片的虚实两种风格尝试效果明显。不足之处就是网格框架不清晰，节奏留白处理欠缺了些。（作者：王建伟）

下面四幅版式重构依旧利用了主题图片进行不同风格与手法的编排处理，编排语言运用较熟练。但是如果网格框架能再清楚点，"队伍"排列的再整齐些，效果会更好。（作者：李莉）

第八章　精彩的"笨办法"——"剪贴编排"

版式设计中的剪贴练习是版式设计早期教学的一种方法，是针对刚刚接触版式编排的初学者的一种练习，这种方法是把现有的各种报刊、杂志等纸类印刷品里不同主题的一些图片、标题、文字等剪下来，再辅助以装饰修整等手法而重新进行编排设计的一个过程，剪贴编排练习简便易行，学生学习掌握技能的效果也比较明显。

近些年随着电子科技的发展，"剪贴"方法的使用也变得越来越少，用剪贴的方法尝试版式设计虽然貌似有些笨拙，不过对初学者却有不少方便的地方，最大的好处就是直观，由于所剪下来的"纸元素"形象真实可见，所以学生们可以在设计过程中及时调整观察角度，挖掘、领悟元素素材潜在的表达含义，从而能轻松地把这些剪下来的图片、文字、线条、色块等地进行不同构图、不同框架、不同排列的版式编排的多种尝试，通过对各种元素的归纳与整合，细化各个元素之间的联系与安排，在整体风格特征统一的基础上，最大限度地打开思维，最终进行多种设计方案的练习。用剪贴的方法进行版面编排的设计练习，不但能够直观地强化设计理念和优化设计能力，开发初学者的发散思维能力，而且这种方法还具有许多方便、随意的特性，它能快速检验设计者自身设计技能，使学生可以在很短的时间里发现自己在设计方面的优势与不足，培养初学者较快地建立起版式设计的能力与意识，开阔设计思路，迅速有效地提升设计水平。从某一角度而言，"剪贴编排"比电脑编排似乎更能给人以直观的思维启迪。

"剪贴编排"是一种二次创意的设计方式，类似于上一章所讲到的版式重构但又区别于版式重构，两者有一定的共同点，重构是借鉴原有的版式进行再塑造，而"剪贴编排"选取元素更宽泛些，有点先"东拼西凑"而后"妙手生花"的感觉，它是一种由具象到抽象再重新规整到具象的设计。

这张"剪贴编排"设计图创意效果突出，图中背景中的黑色底图、彩色字母都是零凑来的，主要是围绕人物的表情、个性以及动作特征而相应地进行装饰与背景的搭配。人物后背相邻的白色点的过度以及草状纹样，都是为了使页面元素过度更自然、更完整统一。（作者：王茜）

不过用剪贴的手法练习版面编排也有它的不足之处，由于剪贴所用的都是剪下了的"实物"，这就导致了编排时版面元素的虚实过度处理困难，因此，这种方法往往要用电脑辅助或手工做一些相应修改，以使新的版面视觉通道更加清晰，页面效果更整体自然。

"剪贴编排"手法比较适用于海报、广告等单一主题的版式设计练习，而不适用于同一版面多主题的编排，比如报刊杂志类。

漂亮的图片无疑是设计的师喜欢用的设计元素，版面编排松紧而形成的节奏让画面显得更具吸引力。（作者：曾娟）

用实物纸片的文字来作图片的前后空间穿插，可以增加二维画面的立体感，这也是剪贴的优势之一。（作者：佚名）

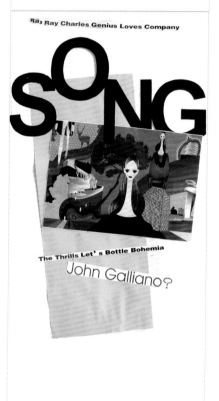

对图片大胆的"折腾"或许能带给设计者以不一样的启发。（作者：佚名）

从报纸服装广告上剪下来的"T恤"在版面上重新编排，由远及近，形成轻松的节奏。（作者：姜丽萍）

根据剪下来的图片特征进行相对应的手绘映衬，是版式设计思维训练的一种方法。（作者：韩福川）

沮丧凌乱的思绪？人物背后的乱草图纹似乎表达了这种状态（作者：刘璐）

漂亮的画片总能带给人兴奋的设计情绪，标尺状的设计赋予了页面强烈的节奏感。（作者：董凡鸥）

人物头顶上的"脑电波"和图片人物有很好的对应效果。（作者：郭林）

几个色块，几排文字，或许下面这两幅吸引人眼球的设计就是从凌乱摆放在桌面上的那一堆纸片中无意发现的！（作者：刘畅）

斜排的文字，红黑灰三色与狂傲不羁的人物主角形象十分吻合。（作者：汪玉伟）

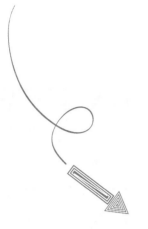

　　粗狂的油画棒笔触围绕着奔放的人物"刮"起旋风般的风暴，强烈橘黄暖色的背景点缀底部并用互补紫色点缀，对比突出而画面整体和谐，底部的黑色色块起着调和矛盾补色的作用。（作者：刘珊珊）

　　下图虽说是貌似有点"偷懒"的剪贴编排作业，但页面中点线面、黑白灰这些美学原则都考虑到了，所以作品完整性较好。（作者：韩福川）

　　点线面，黑白红，这类编排设计最能轻松搞定，只需注意松紧节奏及留白即可。（作者：常念）

　　色块是"剪贴编排"练习中最方便使用的设计元素。左上角的人物虽说和版面风格不太"搭调"，但好在做了弱化处理。（作者：王海晨）

左下角的碎块能看出初学者当时犹豫的心态。不过熟能生巧，多练习就能找到设计的窍门与规律。（作者：盛君如）

这张"剪贴编排"最巧妙的设计是如何安排人物与背景之间的关系，既相融又能整理出前后层次。（作者：王禹卿）

下图的版面节奏处理较为得体，背景文字如能"后退"些，页面的整体性会更好。（作者：佚名）

无拘无束地打开思维是"剪贴编排"练习的目的。（作者：刘珊珊）

虚实强弱等设计元素的变化与安排，可以赋予设计者不同于原作品的一个全新的设计角度。（作者：王海晨）

版式设计初学者可以先大胆尝试用"加法设计"打开思维，也就是在版式上尽可能多的用设计元素去丰富页面，这种练习，初学者通常一不小心就很容易把版面做的非常凌乱，不过这人为制造的"乱"会给初学者带来一种被迫性的设计方法的思考，那就是如何使用较多的设计元素而能页面不乱，多而不乱的练习对学习后期理性回归使用"减法设计"有很大的帮助。

页面右边的暗化处理是后期加上的，这样才能使主次更为分明。（作者：佚名）

版面元素的主次、轻重、节奏处理分明，掌握了一定规律，编排就简单容易得多了。大家可以思考一下，去掉花的装饰，页面效果会如何呢？这是一种什么手法？（作者：刘茜）

先尝试用"加法"打开思维，尽量完善页面的整体性，这对学习后期"减法"理性的回归，有很大的帮助。（作者：丁洁）

这幅剪贴色彩运用分配合理，不过版面布局上处理过于平均。（作者：佚名）

第九章 "锦上添花" —— 直观个性的插图表达

插图通常也称为插画，虽然在版式设计中它并非是缺一不可的设计元素，但由于它本身也是一种视觉设计语言，因此用插画的形式丰富版式页面，是唯美版式常用的设计方法之一。插画是一种非常受人关注和喜爱的艺术形式，在人们的概念里，"画"这个字更多的传递给人的是美的感受，比如我们生活中常常将美比作画，如"美景如画"等。插画因其直观性能够传递真实的生活感受，所以能够表达不同的个性风格，它有着浓厚的美的感染力，因此在唯美版式设计中，我们少不了喜欢利用插画的形式来更好地进行设计和作品的诠释。

版式设计中，插画具有独特的视觉设计语言的直观性能，同时也善于表达版式信息中相关的内涵与寓意，它个性多样的美的塑造形式带给设计师开阔的设计与想象空间，因此，在诸多版式设计中，插画深受设计者的喜爱，尤其是在非严肃类版式设计中，伴随着日益发展的"读图时代"的语境，插画也以它独特的设计语言在各种相关设计中担当着不同的角色和作用，如海报、包装、书籍、杂志、广告等。

个性插画在版式中的融入，可以避免以往版式设计中规中矩的单一形式，它可以利用插画的特点使版式生动活泼，增加趣味性、可读性，以此达到吸引阅读者眼球的目的。在版式设计中，插画可以根据版面的具体内容来进行创作，以使版式内容与主题更加统一、版面设计所要传达的目的更为明确，真正地将设计的实用功能美与形式美合二为一。

在版式设计中，个性鲜明的插画往往因其视觉的吸引力而成为版式设计围绕进行的中心。

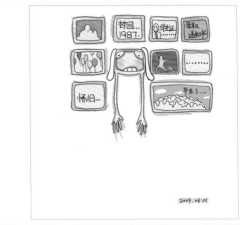

右上：重复排列与突变的设计形式将平面构成基础用出插画的形式巧妙地表现出来，以图说话的版式干净整体。（作者：宫小乐）

右中、右下：这是传统节气日历册子的设计作业，这两幅插图把节气表达得十分到位，渐变的方式使插画与版式融为一体。（作者：郭聪）

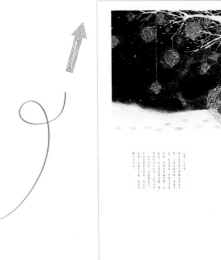

右面这四幅图为同一位同学完成的版式册子作业中的四张内页，作品主要以个人的插画练习为题材进行版式的设计，可以看出，以画做主角的版式显得个性味十足，学生时期年轻张扬无拘无束的性情在作品中表达得淋漓尽致。

1、2两图的版式安排相对规整，整体性比3、4两图更突出些。

3、4两图设计风格比较随意自由，作品中零碎元素较多，版式编排的框架排列处理较少，但由于页面色调的统一以及页边距的保留，所以作品整体相对较好，也极具个性。需要注意的是，此类自由式版式在书籍杂志中不能出现太多，不然会引起视觉疲劳，也会影响作品的完整性。（作者：宫小乐）

版式中的插图设计应该与作品主题相吻合，变现手法分为直接变现或间接隐喻两种，无论哪种方法都是为了能够使读者强化信息接收以及促进信息的正确识别。当然，前面说过，插画本身的魅力也使作品增强了它的视觉冲击力，这便于更好地吸引观众的目光，也便于将版式中的信息更为迅速有效地传递给读者。

优秀的、能准确表达设计内容的插图可以有效的引导出版面本身要传达出的信息，可以替代或弥补文字表达的不足，能够辅助版面文字对设计进行细致的传达和解析。

插画可以使版式在画面上更有唯美的视觉效果，可以为模式化的东西增加一些独特的视觉设计元素。

这是凤凰古城宣传册设计中的一页，"吊脚楼"的插图个性鲜明成为版式中心，作者表达版面主题清晰，读者能够轻松地从插图信息中解读版面内容。（冯双）

拱形的文本外形与风雨桥的主题很好地建立了呼应关系，文字起到了半图半文的作用，版式与插图表达准确。（作者：冯双）

这是学生毕业前夕对校园通往市区的公交车所作的一段表达怀念描述的设计作品。一条大马路的摄影照片加上右边辅以说明的小插图，用图说话的版式往往无声胜有声。（作者：梁辰）

插图的设计与特点完全围绕着"随感"二字进行，字图结合有助于更明确的主题表达。（作者：徐庆森）

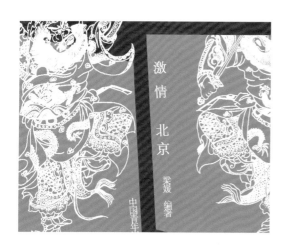

主题"北京"对应着页面中传统元素与现代设计的完美结合，红色演绎"激情"，以图说话的版式语言极为简单明了。（作者：梁媛）

这是学生所做的个人宣传册设计中的一页，带有创意性的自画像设计无疑成为了版式中醒目的主角，以插图表达内容效果显而易见。不足的是左右构图分界线稍显零乱。（作者：王玄珊）

个性的插图可以使原本呆板的版式生动起来。（作者：夏莹莹）

以图为主的版式编排要求尽量干净简洁。（作者：刘冠佩）

由花草小鸟组成的柔美温馨的底图衬托出青春的分量，用拉链打开的青春篇章象征着崭新的历程的开始。插图的表达直白而意味深长。（作者：梁辰）

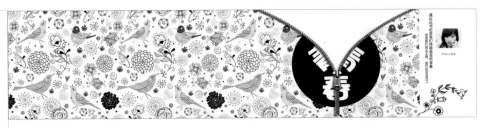

充满了美好回忆的青春用绚丽的色彩来点缀描绘显得最为恰当。虚实结合的插图以及轻盈的版式处理，让主题更加完整统一。（作者：梁辰）

这张版式设计完全将插画人物与页面中的主题"胡杨"照片融为一体，人物的兴奋、新奇状态的刻画似乎和版式内容中要宣扬的主题"美丽而神秘的新疆"有所吻合。（作者：刘珊珊）

极为简洁的版式，除了插画，文字使用的很少，这或许能给读者更多的遐想空间。（作者：孙万霞）

第十章 百花齐放 —— 优秀学生案例欣赏

本书所有的案例都是学生们完成的，下面所要展示给大家的这些作业基本都是围绕版式设计课程教学来进行的。作业中有不少优秀的例子，当然也有许多不够成熟的方面，笔者将有所选择地对作品进行评价，希望大家能从这些经验与不足中学习相关设计技能并避免走不必要的弯路，促使专业水平得到有效的提升，增强技艺，将版式这门基础课进行深刻的理解与掌握，并能得以发挥延伸，为平面设计以及其他相关课程打好扎实的基础。

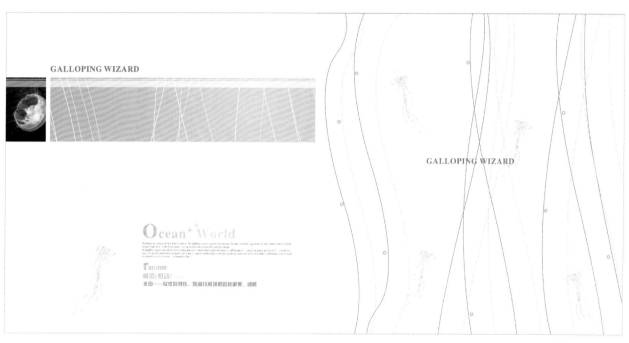

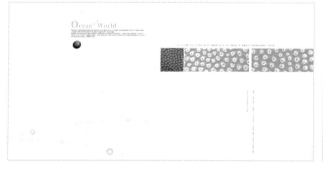

这是一组以大自然的形态为设计元素的系列作业，简洁清新的版式干净而大气，设计处理完整性较强，以图为主的版式构造语言结合插图的设计创意简洁而清新。（作者：王雅玉）

IndeX

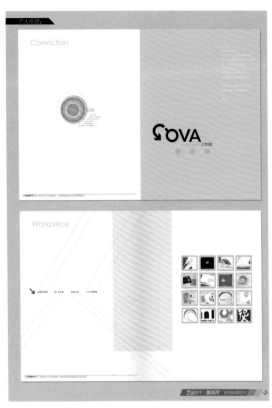

左图的宣传册目录编排十分简洁，版式框架构图虽没有太多花哨的东西，但却合理运用了虚实前后的元素处理，使版式整体简洁而有内涵。（作者：姜丽萍）

版式编排设计的窍门就是将各设计元素进行排队、排队、再排队，分层次、有窍门、加变化的"排队"。（作者：李和瑾）

多图片的版式编排设计最简单的办法就是将图片都圈在一个色块里。让它们色调统一。（作者：李芳）

图片的处理手法有很多种，解构、重构，强调、弱化，重复、突变，放大、缩小等，如何将图片与页面"打成 片"或引领页面主题，全在设计者的意图表现，合理的安排，与技能的展示。

（作者：李莉）

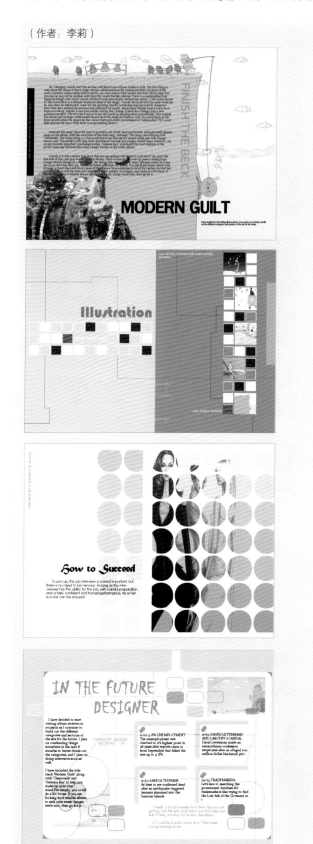

（作者：李琳）

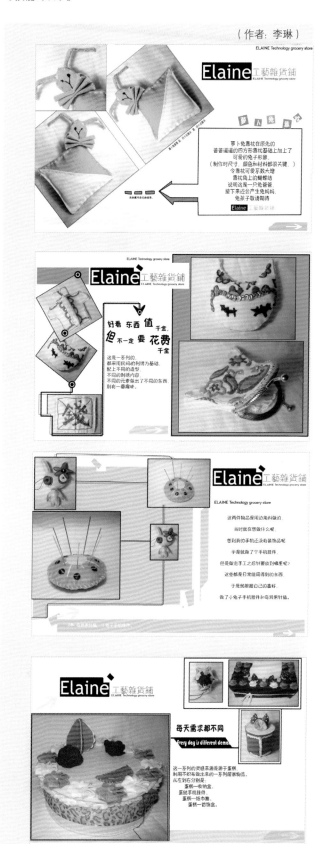

这是为家居卖场作宣传的设计图册中节选出的几张设计，这组设计在版式上非常重视点线面以及黑白灰的运用与处理，尤其是线的运用，它担当着联系与贯穿整个版式空间的作用。（作者：李琳）

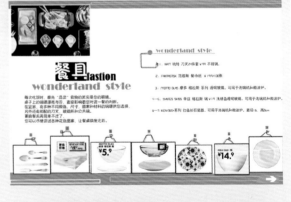

在简洁整体的版式上加一张倾斜的、同底色的图片，这种手法不但能保留页面完整性，还能增添版面活跃的气氛。注意同底色图片与底图之间的空间处理。（作者：赵蕾）

简洁的色块分割是版式设计技巧运用的一种简便而有效的方法。（作者：李贞）

版式设计中学生们要学会重视相邻页面的设计处理，宣传册前后页面的视觉转换节奏松紧的处理，如果是连续几张雷同的版式，那么设计者即使做的再优秀也容易引起读者的视觉疲劳。（作者：梁辰）

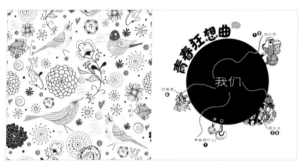

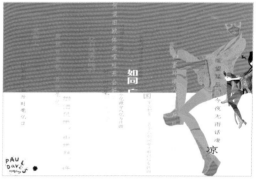

个性一词最初来源于拉丁语Personal开始是指演员所戴的面具，后来指演员——一个具有特殊性格的人。一般来说，个性就是个性，在心理学中的解释是：一个区别于他人的，在不同环境中显现出来的，相对稳定的，影响人的外显和内隐性行为模式的心理特征的总和。

通常情况下，校园宣传册的设计往往有一定的难度，"严肃紧张活泼"的风格不太好掌握，这组设计做了一些尝试，在保证传统的编排大基调完整统一的前提下，注重细节的塑造，通过点线面、以及非重要部位的细节变化，使页面塑造丰富而生动。

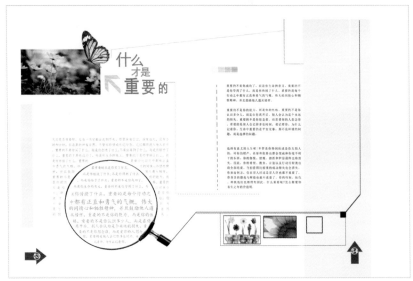

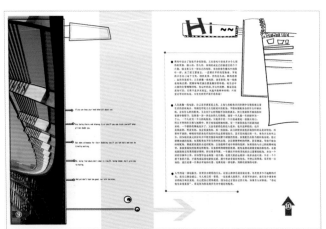

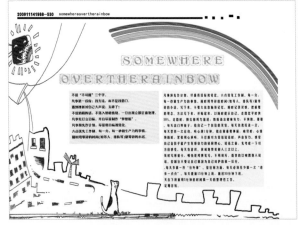

反复使用的虚实图像与线条的装饰引导，可以使原本严谨的版式产生了视觉节奏，整体页面也有了生气。

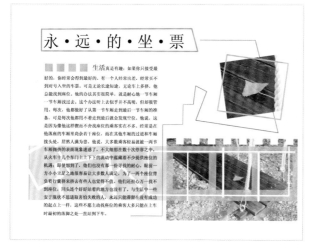

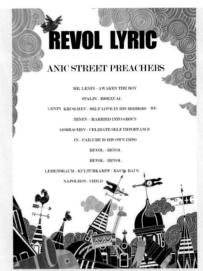

图像的编排用了重复排列与变异的手法，这种版式处理手法最大的优点就是既能使页面整体又能使设计富有变化。不足的是"穿鞋子的人物"插图和背景"打架"了，这是因为图像的虚实前后处理不够造成的。（作者：梁姣）

右边这上下三幅图是学生编排学习初期版式重构的作业，各元素排好队后接着需要完成的任务就是旋律节奏的塑造，松紧、留白、虚实……版式重构的设计练习对初学者帮助很大，可以延伸到若干幅图，这样有助于开拓设计者的发散思维。（作者：蔺雪）

感性的设计思维中一定要有理性的布局，貌似无序的图片排列，其实已经归纳在构图弧线当中。（作者：梁姣）

版式构图形成的左右两块，通过左边图像对右边色块的"拉手"融入而形成了一个统一的整体。（作者：蔺雪）

横平竖直的版式编排方式最为稳当大气。（作者：蔺雪）

右边四张版式中图像的排列非常"守规矩"，不是排在一队，就是在一个色块里，这种版式设计方式的整体性很强。

（作者：彭梦然）

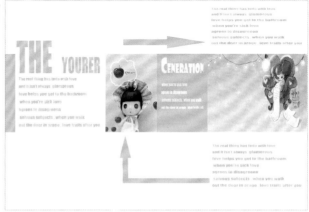

色块，就如同家庭中使用的收纳箱一样，可以将凌乱的元素归纳整齐。

（作者：马慧）

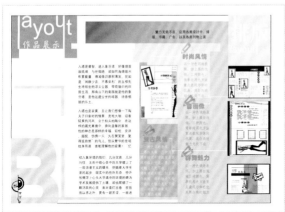

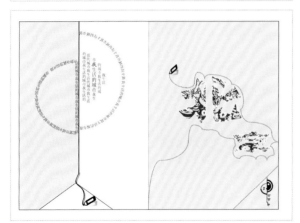

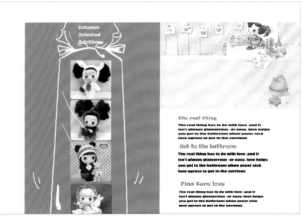

干净整洁的版面让人能够专注于页面中的内容
与主题。字体的变化贯穿版式显得大气而整体。（作
者：石萌）

系列作品既要考虑设计的整体性又要考虑页面
的变化和层次，优秀的版式设计作品除了完成设计
任务、达到设计目的外，在形式上尽量做到既完整
统一又变化创意。（作者：孙万霞）

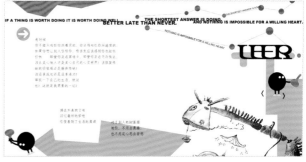

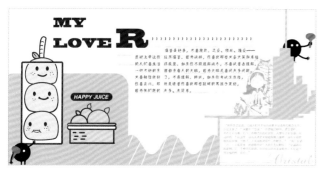

　　这几张毕业纪念册的设计充满了浓郁的艺术类学生的个性化气息。天马行空无拘无束地放开思维，在自由的天空中寻找版式设计的规则，对设计学习是一种帮助。页面中插图与文字以及版式之间的融合是设计的巧妙之处。（作者：宫小乐）

一边是身着民族服装的老人，另一边是打扮入时的少年，恍若一条条时空隧道从中穿行而过，让人产生无限的遐想。远远望去一根根木桩撑起间间小屋，清清澈澈的江水在屋下流过，屋中摇曳的灯火若隐若现，让人不由得想起沈从文笔下的边城风姿。

左右布局的版式，巧妙设计细化分割线的手法，使左右两部分过渡自然完整。（作者：曾娟）

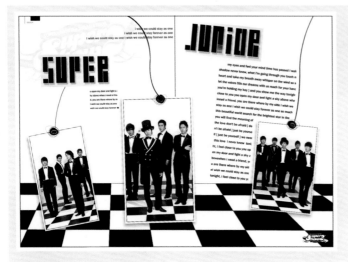

上图利用透视将二维空间塑造出三维视觉效果，版式上注重空间的排列与分布，页面设计以动为主。下图版式注重留白，中间的文字如果更有倾向性，效果会更好。（作者：赵蕾）

自由式版式设计，注意比例与节奏的重复。

（作者：徐庆森）

以装饰画为主的毕业设计作品的编排形式更需要简洁整体，这样才能衬托出画的特点。（作者：卜小丽）

这是一系列版式设计的"加法"练习作业，"加法"练习可以锻炼学生的多元素设计运用及处理能力。版式设计中，此类"花哨"的版式在不少杂志册子中都有一定程度的应用，目的就是起到调味剂的作用，在中规中矩的编排作品里插上浪漫的一曲，有提神醒目的作用。(作者: 刘思辰)

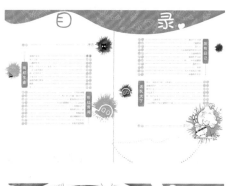

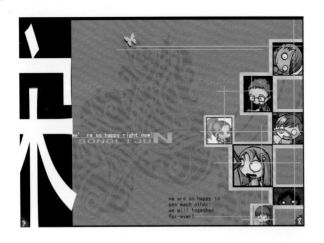

以字作为页面主体与构图的设计手法简洁清新富有创意，水印般的暗花纹既起到了丰富版面层次的作用，也保留了页面留白的效果。（作者：宋丽君）

渐变过度手法本身就是节奏的一种，图片大小的规律、变化以及同色系色彩的变化，使原本单调的页面变得丰富了起来。（作者：闫镜如）

版式设计中字体的创意与变化永远有无穷的潜力可以被挖掘。（作者：董昕凯）

"清新、甜蜜、幻想"，这或许就是作者所要表达的意图吧。（作者：褚莹）

新疆景区宣传册的设计，用照片和抽象背景图来表达作者的设计思维，具有不同于传统形式的独特效果。（作者：刘珊珊）

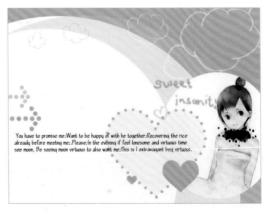

版式重构的设计练习对初学者帮助很大，可以延伸到若干幅图，这样有助于锻炼设计者的发散思维。这两幅图如果能加入大的色块，效果可能更完整。（作者：佚名）

字的设计包括字本身的设计和字的应用设计，这张版式页面将两种方法都利用了起来。

（作者：梁姣）

不同设计手法的色块在版式设计中的运用。

（作者：张昕）

字与图的巧妙运用能够使二维页面更立体，更完整。

（作者：姜丽萍）

右上角的圆弧色块起到了活跃画面的作用，没有它，版式就显得单调多了。

（作者：张昕）

简单的几条线就将版式页面塑造出了空间立体的效果，加上字体与插图的风格统一使画面更加协调完整。(作者：佚名)

以底图为大背景而完成的目录设计无疑是一种大胆的设计构思，需要注意的是目录内容要少。（作者：丁洁）

这是学生所做书籍封面设计《九州风物》"东西南北"中的一本，"西"的位置以地图所定方位为依据，并结合传统图形的衬托。书籍名称用红色毛笔笔触映衬，使之成为版面的视觉中心。底图图形虚实相隔以形成设计节奏。

（作者：刘军威）

这是有关于北京风土人情的宣传册设计中的两页。传统图形与现代设计的巧妙结合，两者相辅相成，使版面设计达到耳目一新的效果。（作者：梁媛）